“十四五”普通高等教育本科部委级规划教材

食品感官评价实践教程

Shipin Ganguan Pingjia Shijian Jiaocheng

王帅 贺羽◎主编

中国纺织出版社有限公司

内 容 提 要

感官评价是基于人体的感官对食品进行单一特性或综合品质的评价，相较于理化分析和仪器分析有着不可替代性。本书包括食品感官评价的理论知识、实训案例和典型食品及消费品的品评三大内容，涵盖了感官的基本理论、感官评价的组织和感官评价方法等理论知识，感官评价的应用和感官评价教学过程中的实际案例及白酒、红酒和茶叶等典型食品的品评，在培养学生理论知识的同时，也为学生综合实训能力的锻炼提供了参考方式。

本书可作为应用型本科院校食品科学与工程、食品质量与安全等食品类相关专业的理论教学及实训课程的教材，也可供相关教师、科研人员等参考。

图书在版编目(CIP)数据

食品感官评价实践教程 / 王帅，贺羽主编. --北京：中国纺织出版社有限公司，2021. 4

"十四五"普通高等教育本科部委级规划教材

ISBN 978-7-5180-8283-4

Ⅰ. ①食… Ⅱ. ①王… ②贺… Ⅲ. ①食品感官评价—高等学校—教材 Ⅳ. ①TS207. 3

中国版本图书馆 CIP 数据核字(2020)第 250951 号

责任编辑：闫 婷 郑丹妮　　责任校对：江思飞

责任印制：王艳丽

中国纺织出版社有限公司出版发行

地址：北京市朝阳区百子湾东里 A407 号楼　邮政编码：100124

销售电话：010—67004422　传真：010—87155801

http://www.c-textilep.com

中国纺织出版社天猫旗舰店

官方微博 http://weibo.com/2119887771

北京玺诚印务有限公司印刷　各地新华书店经销

2021 年 4 月第 1 版第 1 次印刷

开本：710×1000　1/16　印张：11. 5

字数：183 千字　定价：42. 80 元

前　言

优良的感官品质是绝大多数消费者选择某种食品的最底层逻辑，因而如何对食品的感官特性进行科学的评价就显得尤为重要。食品感官评价利用科学的方法，借助人类感觉器官的单一感受或综合感受，对食品的色、香、味、形和质地等进行评价，结合心理学、生理学和统计学等多学科，对评价结果进行定性、定量的测量与分析。食品感官评价以人为评定工具，相较于理化分析和仪器分析有着独特的优势和不可替代性，在快速发展的现代食品工业中占有重要地位。

本书的三大部分由基础知识到理论方法再到实训实践，内容上循序渐进，逻辑上科学清晰。包括了食品感官评价的理论知识、评价方法和应用、实训案例和典型食品的品评，涵盖了感官的基本理论、感官评价的组织和感官评价方法等理论知识，感官评价的应用和感官评价教学过程中的实训案例，以及白酒、红酒和茶叶等典型食品的品评。

本书编写的主要目的是为食品感官评价课程理实一体的教学模式提供衔接环节。在培养学生理论知识的同时，更加重视锻炼学生的综合实训能力。本书对复杂的统计学知识进行了简单概括，更方便学生自学，最大程度调动学生的学习积极性。感官评价方法中并未介绍案例，但提供了相关的国家标准名称。实训案例部分也不是简单的实验罗列，而是对不同评价方法的综合利用，对评价统计数据的深入分析。

本书可作为应用型本科院校食品科学与工程、食品质量与安全等食品类相关专业的理论教学及实训课程的辅助教材，也可为相关教师、科研人员和从事企业产品开发的工作人员提供参考。

本书编写过程中参考了大量国内外同行的相关文献和资料，在此表示衷心感谢。鉴于编者们的水平有限，如果有遗漏和不当之处，敬请广大读者批评指正。

最后，感谢江苏省高等教育教改研究项目（2019JSJG301），江苏高校品牌专业建设工程，以及徐州市商学兵技能大师工作室对本教材的大力支持。感谢苗敬之教授和贺菊萍副教授对本书编写提供的帮助与支持。

目录

第一部分　食品感官评价的基础知识

1　**绪论** …… 3

1.1　食品感官评价的定义与起源 …… 3

1.1.1　食品感官评价的定义 …… 3

1.1.2　食品感官评价的起源 …… 4

1.1.3　食品感官评价在我国的发展 …… 6

1.2　食品感官评价的特点 …… 7

1.2.1　生理学及心理学观点 …… 7

1.2.2　统计学概念 …… 8

1.2.3　与其他分析方法互为补充 …… 9

1.3　食品感官评价的意义 …… 10

1.4　感官评价发展趋势 …… 11

2　**感官评价的基本理论** …… 14

2.1　感觉的特性和食品的感官属性 …… 14

2.1.1　感觉的定义、分类和特性 …… 14

2.1.2　感觉的影响因素 …… 15

2.1.3　食品的感官属性 …… 17

2.2　食品感官评价的生理学和心理学基础 …… 19

2.2.1　食品感官评价的生理学 …… 19

2.2.2　食品感官评价的心理学 …… 20

2.3　食品感官评价中的主要感觉 …… 22

2.3.1　视觉 …… 22

2.3.2　听觉 …… 24

2.3.3　触觉 …… 24

2.3.4　嗅觉 …… 25

2.3.5 味觉 …… 28
2.4 感官的相互作用 …… 30
3 食品感官评价的组织 …… 32
3.1 感官评价实验室的要求 …… 32
3.1.1 一般要求 …… 32
3.1.2 功能要求 …… 32
3.1.3 环境要求 …… 36
3.2 感官评价样品的控制 …… 37
3.2.1 样品的制备 …… 38
3.2.2 样品的编码和呈送 …… 39
3.3 感官评价人员的优选与培训 …… 40
3.3.1 感官评价人员的分类 …… 40
3.3.2 评价人员的招募与初选 …… 42
3.3.3 评价人员的筛选 …… 43
3.3.4 评价人员的培训 …… 45
3.3.5 评价人员的考核 …… 46
3.3.6 评价小组的建立与维护 …… 47
3.4 感官评价的基本流程 …… 48

第二部分　食品感官评价的方法与应用

4 食品感官评价的方法 …… 53
4.1 概述 …… 53
4.1.1 食品感官评价方法的分类 …… 53
4.1.2 食品感官评价中的标度 …… 58
4.2 差别检验 …… 62
4.2.1 成对比较检验法 …… 63
4.2.2 三点检验法 …… 66
4.2.3 二-三点检验法 …… 67
4.2.4 “A”-“非 A”检验法 …… 69
4.2.5 其他检验方法 …… 71
4.3 排列检验 …… 74
4.3.1 排序检验法 …… 75

4.3.2 分类检验法 …… 81
4.4 分级试验 …… 82
4.4.1 评分法 …… 83
4.4.2 成对比较法 …… 84
4.4.3 加权评分法 …… 85
4.4.4 模糊数学法 …… 86
4.4.5 阈值试验 …… 88
4.5 描述性分析检验 …… 90
4.5.1 风味剖面法 …… 91
4.5.2 定量描述分析法 …… 93
4.5.3 质地剖面法 …… 94
4.5.4 其他方法 …… 97
4.6 感官评价的50条经验法则 …… 99
4.7 感官分析方法标准汇总 …… 104
5 食品感官评价的应用 …… 107
5.1 消费者试验 …… 107
5.2 市场调查 …… 113
5.3 新产品开发与优化 …… 114
5.4 质量控制 …… 116
5.5 科研创新 …… 120

第三部分 食品感官评价的实践

6 食品感官评价实训案例 …… 125
6.1 虾夷扇贝感官评价描述词的建立 …… 125
6.2 4种香肠制品的感官评价 …… 133
6.3 不同盐度养成河蟹的感官评价 …… 139
6.4 啤酒的消费者口味测试 …… 148
7 典型食品及消费品的感官评价 …… 157
7.1 白酒 …… 157
7.2 葡萄酒 …… 162
7.3 茶叶 …… 168

第一部分

食品感官评价的基础知识

1 绪论

1.1 食品感官评价的定义与起源

1.1.1 食品感官评价的定义

感官评价是一门用于唤起、测量、分析和解释人们通过视觉、嗅觉、味觉、触觉和听觉所感知到的食品及原料特征的学科，这是美国食品技术协会(IFT)感官评价分会在1997年对感官评价的定义；国际标准化组织将感官评价简练地定义为“用感觉器官评价产品感官特性的科学”。这些组织的定义为深入探讨感官评价、感官鉴评、感官评定、感官分析和感官检验等类似概念提供了一些切入点。

本书对食品感官评价的定义如下，即利用科学的方法，借助人类感觉器官的单一感受或综合感受，对食品的质量特性(色、香、味、质地等)进行评价(包括唤起、测量、分析、解释)，并结合心理学、生理学和统计学等多学科，对评价结果进行定性、定量的测量与分析的过程。虽然食品感官评价以人为工具，采用客观方法收集产品对人类刺激的感官反应，从而得到或推测消费者对产品的反应，但广义上的感官评价也包括智能感官评价，即以仪器设备模拟的感官作为工具。

“唤起”一词更多是指感官如何在有条件的控制下被激活，即感官分析提出了应在一定的控制条件下制备和处理样品以使偏见因素最小这一原则；“测量”则表明感官分析是一门定量的科学，通过采集数据，在产品性质和人的感知之间建立合理的、特定的联系；“分析”表示适当的数据分析是感官检验的重要部分；“解释”则代表感官分析练习是一项必要的实验。因此，食品感官分析也是一门测量的科学，像其他的分析检验过程一样，也涉及精密度、准确度和可靠性。

感官分析实验应在一定的控制条件下制备和处理样品，在规定的程序下进行实验，从而将各种偏见和外部因素对结果的影响降到最低，通常包括四种活动：组织，包括评价员的选拔和评价小组的组建、评价程序的建立、评价方法的设计和评价时外部环境的保障；测量，根据评价员通过视觉、嗅觉、味觉、听觉和触觉的行为反应，采集数据，在产品性质和人的感知之间建立一种联系，从而表达产品的定性、定量关系；分析，采用统计学的方法对来自评价员的数据进行分析统计，是感官分析过程的重要部分，可借助计算机和软件完成；结论，在数据、分析和实验结果的基础上进行合理判断，包括所采用的方法、实验的局限性和可靠性。

现代感官分析技术包括一系列精确测定人对食品各种特性反应的方法，可以在产品性质和人的感知之间建立一种合理的、特定的联系，并把可能存在的各种偏见及其对评价者的影响降低到最低程度。同时，尽量解析食品本身的感官特性，向食品科学家、产品开发者和企业管理人员提供该产品感官性质的重要信息。

1.1.2 食品感官评价的起源

感官评价伴随着人类的发展一直存在，但最早的感官检验最早可以追溯到20世纪30年代左右（起始阶段），于20世纪40年代初到50年代中期开始稳步发展（稳步发展阶段），在20世纪60年代中期到70年代感官评价领域迅速成长（迅速发展阶段）。20世纪80年代起到现阶段（成熟发展阶段），食品感官分析技术已经成为许多食品企业（如可口可乐、雀巢等）在产品质量管理、新产品开发、市场预测、顾客心理研究等许多方面的重要手段，感官评价的应用同时也促进了心理学、生理医学、仿生学的发展。

在起始阶段，传统的食品行业和其他消费品生产行业中，一般都有一名大师级人物，比如酿酒专家、焙烤专家、咖啡和茶叶的品尝专家等，这些专家们在本行业工作多年，对生产非常熟悉，积累了丰富的经验，一般与生产环节有关的标准都由他们来制定，比如购买的原料、产品的生产、质量的控制、市场的运作等，他们对生产企业非常重要。后来随着经济的发展，在专家的基础上，又出现了专职的评价员，比如在罐头生产企业有专门从事品尝工作的评价人员每天对生产出的产品进行品尝，并将本企业的产品和同行业的其他产品进行比较，促进产品感官品质的提高。评价的方法和科学性也不断有专家提出：如产品的研发不可忽视消费者的接受性，并且提出应该废除超权威的专家，代之以一定数量的、真正具有品评能力的评价员来参与感官评价；逐步使用评分法和标准样品；提出饮用水味道及气味的感官评分方法；提出测量肉类嫩度、面包香味、牛奶香味的感官评价方法。

在稳步发展阶段，感官评价由于“二战”中美国军队的需求而得到一次长足的发展，感官评价得到了美国军需食品及容器研究院的大力支持。当时营养学家为士兵调配高营养食品时由于忽视了食品的接受性导致食品风味差而受到排斥，对于军队来说，食品风味的接受程度也必不可少。因此研究人员集中精力，试图评价出什么食品会更受欢迎或者更不受欢迎，并且对食品接受度的测量这种基础性问题进行了研究，美国陆军开始以系统化的方式收集士兵们对食品接受程度的数据，进而决定供应何种食品。随后，许多科学家开始思索如何收集人们对食品的感官反应以及形成这些反应的生理基础，同时发展出了测量消费者对食品喜爱性及接受性的评分方法，如 7 分评分法与 9 分评分法等，并对差异检验法作了综合性整理与归纳，详细说明了比较法、三角法、稀释法、评分法、顺位法等感官评价方法的优劣。另外，评价员的选择与训练方法、试验结果的统计分析方法、品评结果与物理化学测量结果相关性研究等更具体、更科学的感官评价方法不断发展。

在迅速发展阶段，国际上对食品与农业、能源危机、食品组成原料价格竞争及全球化市场的关注，都直接或间接地为感官评价提供了发展机会。例如，寻找替代甜味剂，促使人们对甜味感觉的测量产生新的兴趣，随之引发了新型测量技术的开发，同时也间接地鼓励了用来评估不同组分甜度的直接数据登录系统的开发及应用。随后新产品的不断涌现，为感官评价创造了市场，反过来，对新产品评价方法的研究也促进了感官评价本身的发展。比如对甜味剂替代物的研究促进了甜度的测量方法，这些都对感官领域测量方法的完善起到了推动作用。当今食品感官评价更多用于食品开发商在考虑商业利益和战略决策方面。如市场调研消费群体的偏爱，工艺或原材料的改变是否给产品带来质量的影响，一种新产品的推出是否会受到更多消费者的喜欢等。

进入成熟发展阶段，越来越多的企业成立感官评价部门，建立品评小组。一些高等院校成立研究部门并纳入高等教育课程，感官评价成为食品科学五大学科领域（食品化学、食品工程、食品微生物、食品加工、食品感官评价）之一。各国也逐步开始制定感官评价实施标准和方法。随着国际商业活动频繁以及全球化观念影响，感官评价更是开始了国际交流，并涉及跨文化与人种的影响。近年来，随着食品感官理论的发展和现代多学科交叉手段的运用，感官科学与感官评价技术不断融合了其他领域的知识，如统计学家引入更新的统计方法及理念、心理学家或消费行为学家开发出新的收集人类感官反应的方法及心理行为观念、生理学家修正收集人类感官反应的方法等，通过逐步融合多学科知识，形成了一套完整的科学体系，成为现代食品科学中最具特色的学科，并以其理论性、实践性及技能性并重的特点，成为现代食品科学技术及食品产业发展的重要基础。

换一个角度来看,感官评价的发展也可分为以下阶段:从管理者品评起步的感官评价,是人类最为原始、简单、有效的使用工具和技术手段,传统上,食品感官评价来自少数生产管理者或专业技术人员的评价;以专业感官品评小组品评为主体,多学科交叉与应用,感官评价活动标准化;将感官分析与理化分析相结合,仪器测量辅助感官评价,呈现出人机结合、智能感官渐成主流、市场消费需求与消费意向的感官分析技术。感官营销推进了学科应用的发展态势。

1.1.3 食品感官评价在我国的发展

国内的感官评价比国外起步晚,20 世纪 90 年代后“感官评价”才大量在食品科学的研究中应用,得到了迅速的发展和普及。虽然我国的感官评价起步晚,基础相对薄弱,但是逐步形成了一门较为完善和规范化的学科。目前我国的食品企业在产品改进及新产品开发等方面大多还缺乏规范性、严谨性和科学性,对感官分析技术与标准的研究及应用落后于发达国家。近几年来计算机的普及和应用,使得感官分析的应用、结果处理更加方便和快速。

我国自 1988 年起相继制定并颁布了感官分析方法的国家标准。随着行业的发展,也对相应的感官分析的国家标准进行了更新,如《感官分析　方法学　总论》(GB/T 10220—2012)、《感官分析　术语》(GB/T 10221—2012)、《感官分析　专家的选拔、培训和管理导则》(GB/T 16291—2012)和《感官分析建立感官分析实验室的一般导则》(GB/T 13868—2009)等。这些标准大都参照采用或等效采用相关的国际标准(ISO),具有较高的权威性和可比性,是执行感官分析的依据。感官理论的发展与经济利益息息相关。感官分析不仅评价了商品的品质,而且可以反映消费者的接受程度。感官检验可以评估备选方案,通过有效而可靠的测试,为决策者提供依据。整体而言,我国食品感官科学技术的研究与应用分为三个阶段:满足食品工业质量管理市场营销、新产品开发的目的,提高传统感官品评方法的科学化程度;结合我国的特点进行系统的感官品质研究,尤其是对一些传统食品,如白酒、茶叶、馒头、米饭等的感官评价与仪器分析数据的相关性进行的系统研究,截至目前已积累了较丰富的科学数据;站在学科发展前沿,在感官评价信息管理系统、智能感官分析方法与设备研究方面参与国际竞争。

1.2 食品感官评价的特点

1.2.1 生理学及心理学观点

感官评价的原理起源于生理学和心理学,了解感官评价的这一特点,可帮助我们更好地认识感官的性质。经典的“五种特殊感觉”分别为视觉、听觉、味觉、嗅觉及触觉,但触觉又包括了温度、痛、压力等方面的感觉。从人体生理学与解剖学的研究角度来看,每一种感觉形态都有其自身独特的受体,以及通向大脑中更高级、更复杂结构的神经通道。在神经末梢,特定感觉(如视觉、味觉)的受体会对专一针对该系统的特定刺激类型做出响应,如味觉刺激并不会刺激视觉的受体。但当信息传输到大脑的高级中枢之后,就会出现大量的整合现象。例如在评测实际样品时,该产品是一种复杂的刺激来源,它产生的刺激并不局限于某种单一的感官,如视觉或味觉,如果没有充分认识到感官评价的这种基本特征,评价的结果也无法令人信服。试想一下,在对草莓酱进行评价的时候,它兼具视觉、嗅觉、味觉和质构特性,如果要求测试人员仅对质构属性(同时要忽略其他所有刺激)做出响应,那么就会导致出现片面的或者完全错误的产品信息。感官的各种属性在生理层面存在整合现象,“只要不去测量产品的某些感官特性,就可以将它们忽略掉”的观点是错误的。

心理物理学是最早的实验心理学的分支,主要研究物理刺激与感官体验之间的联系。感官或感受体并不是对所有变化都会产生反应,只有当引起感受体发生变化的外部刺激处于适当范围内时,才能产生正常的感觉。刺激量过大或过小都会造成感受体无反应而不产生感觉或反应过于强烈而失去感觉。因此,对各种感觉来说都有一个感受体所能接受的外界刺激变化范围。

最早的、真正的心理物理学理论家是19世纪德国的生理学家韦伯(E. H. Weber)。根据其他人的早期观察结果,韦伯指出物理刺激与刺激量是一个恒定比,而这种刺激量是指刺激增强到恰好能被人感知到差别的量。因此,人们能够分辨出410.35 g和424.5 g之间有很大的差别,而且感知820.7 g和849 g之间的差别与感知410.35 g和425.5 g之间差别的效果是一样的。这导出了韦伯定律公式,现在一般写作如下形式:

$$k = \Delta I / I$$

式中:ΔI 为物理刺激恰好能被感知差别所需的增量;I 为刺激的初始水平。

这一公式证明了一条有用的经验法则,并且提供了第一个感官系统的工作特性。测定差别阈值或者是“最小可觉差别水平”的这些方法成为早期心理学研究人员的惯用手段。

费希纳(G. T. Fechner)于1860年将这些方法整理在《心理物理学基础》书中,他有关感官方法的小册子是心理学实验室的经典教科书。费希纳意识到“最小可觉差别水平”可以作为测量单位,通过近似于一个对数函数,公式为:

$$S = k \times \lg I$$

式中:S为感觉强度;I为物理刺激强度。

人们把这一关系作为费希纳定律,用以证明这条有用的经验法则已有近75年的历史,直到后来,听觉研究人员对此提出质疑,并用能量定律取而代之。但费希纳的不朽贡献在于他设计出了三种详细的感官检验方法,并根据这些方法,描述了如何测定感官系统中的一些重要的工作特性。这三种重要的方法是指极限法、恒定刺激法和调整法或均误法。直到今天,在研究工作中仍然使用这些方法,而且这些方法的改进方法已成为应用于感官评价工具盒的组成部分。这三种方法中的任何一种都与测量感官系统的反应密切相关。极限法可用于测定绝对阈值,恒定刺激法用于测定差别阈值,而调整法则用于建立感官等价。

此外,还有很多著名或者对感官心理学具有积大贡献的关系式和定理,例如史蒂文斯(Stevens)关于响度的幂函数,拜德勒(Beidler)关于味觉神经和受体细胞的电反应方程等,这里不再展开叙述。近年来,心理学团体对感官评价工作者曾经产生周期性的影响,偶尔也有较强的变换期。感官心理学的重点是将人作为研究对象,而实际感官评价则利用人来研究产品的感官特性。虽然如此,由于感官活动是人与刺激之间的相互作用的结果,技术上的相似之处并不能使我们惊讶。心理物理学研究的问题和方法与感官评价的主要相似之处。在可能会引起污染或异常风味的问题中,已经利用阈值测定来检验风味化合物以及浓度范围产生的最低水平的影响,无论是在采用必选法还是对比法的情况下,差别阈值在许多区别检验方法中都是相似的。在心理物理学实验室中,用标度来测定心理物理学函数,但也能用其来描述作为配料水平函数的产品性质的感官变化。

1.2.2 统计学概念

统计学在感官评价中具有重要的地位,主要原因是在测定中存在偏差或误差。偏差意味着对同一对象的重复观察不一定与第一次或上一次的观察相同，由于某些因素我们无法掌握，通过重复观察获得的测定数值不会相同。在感官评价中，感官检验中不同的参与者给出的数据也不一样，这是一个显而易见的事实。与这种无法控制的偏差相比，我们希望判断我们关注的实验变量是否对评价小组成员的感知有影响。在食品和消费品研究中的实验变量通常随组分、工艺条件或包装的改变而异，在生产中，这种变动性会贯穿不同批次，乃至不同生产线或生产地点。对食品而言，一个重要的问题是产品如何随时间而变化，这些变化可能是希望发生的，比如奶酪的成熟或肉类与酒类的陈化，也可能是不希望发生的或者会使产品在处理后使用寿命缩短。因此，当时间和贮藏条件是关键变量时，有必要进行贮藏寿命和稳定性试验。

误差的存在表明，对产品来说实际有真实值和代表性数值的平均值和最佳估计值。因为测定并不完美，得到的数值会发生变动。测定不完美意味着缺乏准确性与重复性。在感官检验中测定结果易于变化的例子随处可见。消费者的区别在于其喜欢或偏爱一种产品的程度，即使训练有素的专家也会对一种风味或本质属性给出不同的强度等级。在重复 3 点检验或其他判别过程中，我们并不希望在检验中被检者给出对错答案的数目完全相同，但是，我们必须应用感官检验的结果来指导产品的商业决策并考查研究结果是来自偶然性还是所设置的实验变量。不幸的是，测定中的这种变动（统计学称为方差）给决策带来了风险因素，统计学从来不是简单明了和无懈可击的，即使在最佳实验条件下作出的决策也常常担负着犯错的风险。然而，统计方法能够帮助我们减小、控制和估计风险的程度。

1.2.3 与其他分析方法互为补充

感官评价是一种用评价员来进行测量、分析的实验，具有简单、迅速、费用低的特点，但其结果也不易量化，误差受众多因素影响。人的触觉简单反应时间为 90~220 ms，听觉为 120~180 ms，视觉为 150~220 ms，嗅觉为 310~390 ms，温度觉为 280~600 ms，味觉为 450~1080 ms，痛觉为 130~890 ms，使用感官来分析十分迅速，而且不需要使用昂贵的仪器和化学试剂，分析费用低廉；食品感官质量标准大部分是非量化的标准，一般包括预先制备的基准样品、文字说明、照片、图片、录音、味和嗅的配方及某种风味特征等。人相对仪器来说，具有不稳定性和容易受到外界干扰的缺点，感官评价的工作条件、方法、环境及试验样品的抽取与制备等都会对感官评价产生影响，感官分析人员的性别、年龄、习俗、嗜好、性格、身体状况、文化程度、阅历、心理和生理健康状况等都可能影响评定结果。

虽然具有不足,但食品感官评价可以和其他分析方法形成有效的互补。食品的质量标准通常包括感官指标、理化指标和卫生指标。理化指标和卫生指标主要涉及产品质量的优劣和档次、安全性等问题。而感官评价除了测定出传统意义上的感官指标外(该指标通常是具有否决性的,即如果某一产品的感官指标不合格,则不必再做理化指标检测和卫生指标检测,直接判该产品为不合格品,即具备一票否决权),更多的还在于评价产品在人的感受中的细微差别和喜好程度。所以,食品的感官评价不能代替理化分析和卫生指标检测,它只是在产品性质和人的感知之间建立起一种合理的、特定的联系。

由于感官评价是利用人的感官进行的试验,而人的感官状态又常受环境、身体状况、感情等众多因素的影响,所以在极力避免各种情况的影响的同时,人们也一直在寻求用物理、化学的方法来代替人的感觉器官,使容易产生误解的语言表达方式转化为精确的数字表达方式,如电子眼、电子舌、电子鼻的开发和应用,可使评价结果更趋科学、合理、公正。随着科学技术的发展,特别是计算机技术和未来人工智能的应用,将逐渐出现不同的理化分析方法与分析型感官评价相对应,但目前由于以下原因,理化分析暂时还无法代替感官评价:

①理化分析方法操作复杂,尤其是各种大型仪器设备费时费钱,不及感官评价方法简便、实用。

②一般理化分析方法达不到感官方法的灵敏度。

③部分感官指标往往是复杂的综合感受,其理化指标尚不明确。

④对于一些感官指标,还没有开发出合适的理化分析方法。

1.3 食品感官评价的意义

食品感官评价是在食品理化分析的基础上,集心理学、生理学、统计学的知识发展起来的一门学科。该学科不仅实用性强、灵敏度高、结果可靠,而且解决了一般理化分析所难以解决的复杂的生理感受问题。感官评价在世界许多发达国家已普遍采用,是从事食品生产、营销管理、产品开发的人员以及广大消费者所必须掌握的一门知识。食品感官评价在市场调查、新产品开发、产品的改进优化、降低成本和生产中产品的质量控制等领域有重要作用。

市场调查的目的主要有两方面的内容:一是了解市场走向,预测产品形式,即市场动向调查;二是了解试销产品的影响和消费者意见,即市场接受程度调查。两者都是以消费者为对象，所不同的是前者多是对流行于市场的产品而进行的，后者多是对企业所研制的新产品开发而进行的。感官检验是市场调查中的组成部分，并且感官分析学的许多方法和技巧也被大量运用于市场调查中。但是，市场调查不仅是了解消费者是否喜欢某种产品（即食品感官分析中的嗜好试验结果），更重要的是了解其喜欢的原因或不喜欢的理由，从而为开发新产品或改进产品质量提供依据。

有了市场需求和正确的方向后，即进入新产品的开发研制阶段。依据调查结果，针对消费者对新产品色、香、味、外观、组织状态、包装形式和营养等多方面需求进行开发。研制过程更离不开感官评价。当研制出一个新配方产品后，需及时请评价员和相关消费者采用描述性实验、嗜好性实验等方法，对不同配方的实验品进行品尝，作出相关评价和改进意见，便于下一步的实施，并对产品进行不断完善，直至研制出的产品能满足大多数消费者的需求。

“质量就是生命”，食品质量包括多个方面，而感官质量又是其中至关重要的一点。食品的感官品质包括色、香、味、外观形态、稀稠度等，是食品质量最敏感的部分。每个消费者接触某产品时，首先映入眼帘的是它的感官品质，然后才会感觉到是否喜欢以及购买与否。所以产品的感官质量直接关系到产品的市场销售情况。为保证产品质量，食品企业所生产的每批产品都必须通过训练有素的具有一定感官检验能力的质控人员检验合格后方能进入市场。感官检验是指对供应单位正常交货时的成批产品进行验收，及对出厂产品质量进行检验的过程。其目的是防止不符合质量要求的原材料进入生产过程和商品流通领域，为稳定正常的生产秩序和保证成品质量提供必要的条件。

1.4 感官评价发展趋势

随着人工智能技术、信息技术、仪器分析技术和生命科学的发展，食品感官评价展现出与多个学科相互交叉融合发展的趋势，感官评价的应用也呈现出与市场需求和消费意向密切结合的多元化态势。

（1）感官主导的营销备受关注

高颜值饮料、个性化风味和小众化产品等高度定制化的食品越来越被广大年轻消费者所接受，而食品的生命周期主要决定于市场消费需求与消费意向。如何评价与预测某类产品的消费意向以及产品与消费意向的差异性，成为当前感官分析中一个新的研究领域。无论是专业感官品评小组还是管理者的感官分析,都是针对特定产品进行描述、剖析、评价,从而控制产品的稳定性或寻找产品的不足之处,指导配方设计以及工艺的改进。

(2)感官分析的持续规范化和特色化

感官分析的规范化将传统经验型的感官评价提升为对感官分析技术的研究与应用,合理认识与有效控制感官影响因素,规范感官评价活动要素(环境、人员、方法、评价器具)统一感知表达的工作语言(术语、描述词)和感知测量的标尺(感官参比样、标准样品),建立良好感官实践应用工具,提高感官分析结果的可比性和可靠性,实现产品感官质量评价。

例如上海瑞玢国际推出的轻松感官分析系统,是一款为开展规范的感官评价活动开发的计算机管理软件。软件的主体功能是感官检验模块,可实现感官检验试验设计、结果录入、结果分析、报告输出的在线自动化。采用全球及全国范围内普遍认可、协调一致的感官分析标准化方法,按照ISO感官分析国际标准和我国国家标准要求,结合良好的感官分析实践,以流程提示、任务列表、任务实施的配套功能等形式,方便实现样品制备、样品提供、评价员评价、结果汇总、结果分析等感官评价过程的主要活动过程并管理。

不同国家、人种、民族、地域、性别、年龄的人群具有对食品不同的消费偏好,食品工业及其他消费品行业的发展、需要不断地挖掘不同目标人群的需求,开拓市场、细分市场,这就需要描绘能反映“中国人感官消费特色”的风味地图,构建我国特有的感官分析数据资源,这既是我国特有的财富,更是中国参与感官科学国际交流与合作的资本。同时我国幅员辽阔、历史悠久,形成了许多特色、传统食品,这些食品也正经历着现代化、规模化的转型,系统研究这些产品类型的感官特色、形成规律、评价方法与嗜好性演变,是我国感官科学工作者的责任。

(3)基于仪器的感官评价的参与度逐步深入

随着现代工业的快速发展,完全凭借感官品评小组的感官分析方法难以满足数量大、跨地区产品的品控要求。工业化、规模化和自动化的生产过程需要精确、可控制的参数,而传统感官分析仅提供定性和模糊的描述,这就需要将感官分析与现代仪器分析技术相结合,建立两者相关性数据库模型,借助仪器辅助进行感官评价。用智能感官模拟人的感官(耳、眼、鼻、舌和大脑)进行感官评价,一直是人类的梦想和为之奋斗的目标。随着智能感官技术、相应设备和技术标准等研究的深入,感官分析与计算机、传感器、仪器分析等手段相结合,一系列仪器化智能感官技术不断出现,如计算机自动化系统、气相色谱—嗅闻技术、电子鼻技术、电子舌技术、计算机视觉技术、高光谱成像技术、多传感器融合技术、感官评定机器人等。对感官分析与仪器分析、理化分析的相关性以及定性与定量相结合的感官分析方法标准的研制，智能感官分析技术的研究及电子感官设备的开发和应用，在食品感官评价领域会越来越普遍和深入。

此外，鉴于人工智能的迅速崛起和迭代式的发展，相信不久的将来也会在食品感官评价领域迎来崭新的发展。

(4)交叉学科的深度融合发展

食品风味化学、分子感官科学、食品物性学、食品口腔加工和智能感官设备开发等交叉学科与传统的食品感官评价正在深度融合，并为食品感官的基础理论研究持续注入新的数据。食品风味是食品作用于人的感官（嗅觉、味觉、口腔及其他感觉接收器、视觉）产生的感觉，食品风味的好坏直接影响到消费者的可接受性和购买行为。食品风味化学的发展，促进了感官基础研究的不断深入。近年来，科学家对感官形成的生理基础，食品风味的组成、分析方法、生成途径，以及食品风味的变化机制和调控等进行了大量研究，并逐渐形成了分子感官科学的概念，其核心内容是在分子水平上定性、定量和描述风味，对食品的风味进行全面深入剖析的多学科交叉技术。以气味物质分析为例，在食品中气味物质提取分离分析的每一步骤中，将仪器分析方法与人类对气味的感觉相结合，最终得到已确定成分的气味重组物，即气味化合物与人类气味接收器作用，在人类大脑中形成了食品气味的印象。分子感官科学（也称感官组学）经过多年发展，已成为食品风味分析中顶级的系统应用技术。在食品中应用分子感官科学的概念，可以在分子水平上解释、预测和开发感官现象，研究食品的风味，使其由一种“混沌理论”变为一种清晰的、可认知的科学理论。还可以为系统地研究食品感官的品质内涵、理化测定技术、工艺形成、消费嗜好等食品科学和消费科学等基本问题提供数据基础。

食品感官科学技术具有学科综合交叉的特点，涉及食品科学技术、消费科学、实验与应用心理学、感官计量学、智能与信息科学等，需要多学科共同发展。在产业发展和社会需求的共同推动下，感官科学技术的发展面临前所未有的机遇与挑战。

2 感官评价的基本理论

2.1 感觉的特性和食品的感官属性

2.1.1 感觉的定义、分类和特性

感觉是人脑对当前客观事物属性的反映，是生物体认识客观世界的本能，由客观的事物直接作用于感觉器官。每一个客观事物都有其光线、声音、温度、气味等属性，人的每个感觉器官只能反映物体的一个属性。例如，眼睛看到光线，耳朵听到声音，鼻子闻到气味，舌头尝到滋味，皮肤感受到温度和光滑的程度等。但感觉的敏感性因人而异，受先天和后天因素的影响。人的某些感觉可以通过训练或强化获得特别的发展，即敏感性增强。反之，某些感觉器官发生障碍时，其敏感性降低甚至消失。例如乐队指挥具有非常敏锐的听觉，对演奏中出现的微弱不和谐音都能分辨；评酒大师的嗅觉和味觉具有超出常人的敏感性；后天失明的残疾人，其听觉等其他感觉常常会加强。

感觉通常有以下三种分类方式。

①按照刺激的来源可把感觉分为外部感觉和内部感觉。外部感觉是由外部刺激作用于感觉器官所引起的感觉，包括视觉、听觉、嗅觉、味觉和皮肤感觉（触觉、温觉、冷觉和痛觉等）。内部感觉是对来自身体内部的刺激所引起的感觉，包括运动觉、平衡觉和内脏感觉（饥饿、胀、渴、窒息、疼痛等）。

②客观事物可通过机械能、辐射能或化学能刺激生物体的相应受体，在生物体中产生反应，感觉按照受体的不同可分为机械能受体（听觉、触觉、压觉和平衡感）、辐射能受体（视觉、热觉和冷觉）和化学能受体（味觉、嗅觉和一般化学感）。

③感觉可以简单地分为物理感和化学感。如果引起人体感官反应（包括温感、舌头的触感等）的刺激为物理性刺激，如视觉、听觉和触觉，可以称引起这种感觉的刺激为物理味；如果该刺激为化学性刺激（例如甜味、酸味、咸味、苦味等物质刺激味觉神经），如味觉、嗅觉和一般化学感（后者包括皮肤、黏膜或神经末梢对刺激性药剂的感觉），可称为化学味；另外，日本人将视觉的感受、色泽、形状

和光泽等,称为心理味。

在人类产生感觉的过程中,感觉器官直接与客观事物特性相联系。不同的感官对于外部刺激有较强的选择性。感官由感觉受体对外界刺激有反应的细胞组成,这些受体物质获得刺激后,能将这些刺激信号通过神经传导到大脑。感官通常具有下面几个特征:

①一种感官只能接受和识别一种刺激,如眼睛接受光波的刺激而不能接受声波的刺激,耳朵接受声波的刺激而不是光波的刺激。

②对周围环境和机体内部的化学和物理变化非常敏感,如冷鲜肉和冷冻肉按照同样工艺加工而成的食品具有明显差异。

③只有刺激量在一定范围内才会产生反应,如人眼只对波长为380~780 nm的光波产生的辐射能量变化有反应。

④感官受某种刺激连续作用一段时间后,会产生疲劳现象,灵敏度随之明显下降。

⑤心理作用对感官识别刺激有影响,如一个有经验的食品感官分析人员,根据食品的成分表可以粗略地判断出该食品可能具有的感官特性。情绪活动和意志活动是认知的进一步活动,认知影响情绪和意志,并最终与心理状态相关联。

⑥不同感官在接受信息时会相互影响,如色泽诱人、外形美观的食物,会让人感觉它更有味道。

感觉阈值是指从刚能引起感觉至刚好不能引起感觉的刺激强度的一个范围。依照测量技术和目的的不同,可以将各种感觉的感觉阈分为绝对阈和差别阈两种。

绝对阈是指刚刚能引起感觉的最小刺激量和刚刚导致感觉消失的最大刺激量,称为绝对感觉的两个阈限,低于该下限值的刺激称为阈下刺激,高于该上限值的刺激称为阈上刺激,而刚刚能引起感觉的刺激称为刺激阈或察觉阈,阈下刺激或阈上刺激都不能产生相应的感觉;差别阈是指感官所能感受到的刺激的最小变化量,或者是"最小可觉察差别水平",差别阈不是一个恒定值,它会随着一些因素的改变而变化。

2.1.2 感觉的影响因素

(1)疲劳现象

当一种刺激长时间施加在一种感官上,该感官就会产生疲劳现象。疲劳现象发生在感官的末端神经、感受中心的神经和大脑的中枢神经上,疲劳的结果是感官对刺激感受的灵敏度急剧下降。嗅觉器官若长时间嗅闻某种气体,就会使嗅感受体对这种气味产生疲劳,敏感性逐步下降,随着刺激时间的延长甚至达到忽略这种气味存在的程度。例如,刚刚进入出售新鲜鱼品的水产鱼店时,会嗅到强烈的鱼腥味,随着在鱼店逗留时间的延长,所感受到的鱼腥味渐渐变淡。对长期工作在鱼店的人来说,甚至可以忽略这种鱼腥味的存在。对味觉也有类似现象产生,例如吃第二块糖总觉得不如第一块糖甜。感觉的疲劳程度依所施加刺激强度的不同而有所变化,在去除产生感觉疲劳的强烈刺激之后,感官的灵敏度会逐渐恢复。一般情况下,感觉疲劳产生越快,感官灵敏度恢复就越快。值得注意的是,强烈刺激的持续作用会使感觉产生疲劳,敏感度降低,而微弱刺激的结果,会使敏感度提高。

(2)对比现象

当两个刺激同时或连续作用于同一个感受器官时,一个刺激的存在造成另一个刺激增强的现象称为对比增强现象。在感觉这两个刺激的过程中,两个刺激量都未发生变化,而感觉上的变化只能归于这两种刺激同时或先后存在时对人心理上产生的影响。例如,在 150 g/L 蔗糖溶液中加入 17 g/L 的氯化钠后,会感觉甜度比单纯的 150 g/L 蔗糖溶液要高。在吃过糖后,再吃山楂会感觉山楂特别酸,这是常见的先后对比增强现象。与对比增强现象相反,若一种刺激的存在减弱了另一种刺激,称为对比减弱现象。对比现象提高了两个同时或连续刺激的差别反应。因此,在进行感官评价时,应尽量避免对比现象的发生。

(3)变调现象

当两个刺激先后施加时,一个刺激造成另一个刺激的感觉发生本质的变化现象,称为变调现象。例如,尝过氯化钠或奎宁后,即使再饮用无味的清水也会感觉有甜味。对比现象和变调现象虽然都是前一种刺激对后一种刺激的影响,但后者影响的结果是本质的改变。

(4)相乘作用

当两种或两种以上的刺激同时施加时,感觉水平超出每种刺激单独作用效果叠加的现象,称为相乘作用。例如,20 g/L 的味精和 20 g/L 的核苷酸共存时,会使鲜味明显增强,增强的强度超过 20 g/L 味精单独存在的鲜味与 20 g/L 核苷酸单独存在的鲜味的加和。相乘作用的效果广泛应用于复合调味料的调配中。

(5)阻碍作用

由于某种刺激的存在导致另一种刺激的减弱或消失,称为阻碍作用或拮抗作用。产于西非的神秘果会阻碍味感受体对酸味的感觉。在食用过神秘果后,再食用带酸味的物质,会感觉不出酸味的存在。匙羹藤酸能阻碍味感受体对苦味和甜味的感觉,但对咸味和酸味无影响。

(6)外界环境

外界环境对食品感官分析的影响十分重要。研究表明,在防音、防振、恒温、恒湿和设备完善的感官评价室进行的感官评价,准确率为71.1%;而在一般的感官评价室中准确率仅为55.9%。外界因素包括微气候(温度、湿度、气流速度和热辐射等)、环境照明、振动、噪声和空气洁净度等。

(7)因人而异

人的年龄、特殊生理周期、疾病情况、性别等都会对感觉产生影响。随着人年龄的增长,各种感觉的敏感程度下降,阈值升高,对食物的嗜好也会有很大的变化。人的生理周期对食物的嗜好也有很大的影响,平时觉得很好吃的食物,在特殊时期(如妇女的妊娠期)会有很大变化。许多疾病也会影响人的感觉敏感度。

2.1.3 食品的感官属性

对食品的感官属性的描述主要从外观、风味等方面展开。

(1)外观

每个消费者都知道,外观通常是决定我们是否购买一件商品的唯一属性,如表面的外观粗糙度、表面印痕的大小和数量、液体产品容器中沉淀的数量等。对于这些简单而具体的品质,评价员几乎不需要经过训练,就能够很容易地对产品的相关属性进行描述和介绍。外观属性通常如下。

①颜色。

自然光是由不同波长的射线组成的、肉眼能见到的光,其波长为380~780 nm。在可见光区域内,不同波长的光显示不同的颜色。不同的物质吸收不同波长的光,如果物质吸收的光波长在可见光区域以外,那么这种物质就是无色的;如果物质吸收的光波长属可见光区域内,那么这种物质就呈现不同的颜色,其颜色与可见光中未被吸收的光波所反映出的颜色相同,即被吸收光的互补色。

颜色可分为彩色系列和无彩色系列两大类。无彩色系列是指黑色、白色以及由两者按不同比例混合而产生的灰色。彩色系列是指除无彩色系列以外的各种颜色。色调是指不同波长的可见光在视觉上的表现,如红、橙、黄、绿、青、蓝、紫等。明度是指颜色的明暗程度。物体颜色的明度与物体的反射率有关,当照明度一致时,反射率的大小与照明度的高低呈正比。对彩色系列来说,掺入的白色光越多,就越明亮;掺入的黑色光越多,就越暗。饱和度是指颜色的深浅、浓淡程度,即某种颜色色调的显著程度。

颜色对人的心理和生理作用十分显著,例如以红色为主的食品,使人感到味道浓厚,吃起来有愉快感,能刺激神经系统兴奋,增加肾上腺素分泌和增强血液循环;黄色食品往往给人清香、酥脆的感觉,可刺激神经和消化系统;绿色能给人明媚、鲜活、清凉、自然的感觉,淡绿和葱绿能突出食品(蔬菜)的新鲜感,使人倍感清新味美,具有一定的镇静作用;白色则给人以质洁、嫩、清香之感,能调节人的视觉平衡及安定人的情绪;而食品变质通常会伴随颜色的改变,来警示人类的感官。

②大小和形状。

食品的形状包括食品的外形(造型)、表面纹理或图案。食品的形状既可以是天然形成的,也可以人工造就。一个好的形状一般具有如下特征:易于识别;能给人留下深刻印象;能替换的形状少;便于人们食用;充分利用包装、储存、运输空间;美观。

③表面的质地。

产品的表面特性,包括光泽暗淡、平滑粗糙度、干燥湿润、软硬度、酥脆发艮等。

④澄清度。

透明液体或固体的浑浊程度或透明度,以及肉眼可见的颗粒存在情况,如浑浊的、澄清的、透明的和有颗粒的等。

⑤其他。

例如,碳酸的饱和度对于碳酸饮料,主要观察倾倒时的起泡度;啤酒的酒花、茶叶的挂杯等。

(2)风味

食品的风味主要包括气味和滋味,其中气味又可分为香味和臭味,由于香味往往能带来愉悦,故一般讨论气味时使用食品的香气或香味一词更多。

①气味。

食品的香气会增加人们的愉悦感,促进人们的食欲,间接地增加人体对营养成分的消化和吸收,所以食品的香气备受人们重视。食品的香气由多种呈香的挥发性物质所组成。食品中呈香物质种类繁多,现已被证实的成分有 10 万余种,但含量极微,在食品中的总量为 1~1000 mg/kg。

香味物质的化学结构与气味的关系极其复杂。有些化学结构完全不同的香味物质,气味却很相似;而有些化学结构相似的香味物质,气味却大不一样;甚至有些香味物质的分子完全相同,只是某些原子的空间排列不同,也可能产生不同的气味。食品中的香味物质一般为有机物,发香团有羟基、羧基、醛基、醚基、酯基、羰基、苯基、硝基、亚硝酸基、酰胺基、氰基、内酯等。食品香气形成的途径大体分为生物合成、直接酶作用、间接酶作用、高温分解作用及微生物发酵作用5种。

②滋味。

食品中的呈味物质一般是水溶性的,溶于唾液,因为只有溶于唾液才能刺激舌面的味蕾,产生味觉。完全不溶于唾液的物质是没有味的。呈味物质的呈味强度及引起味觉所需的时间和维持时间因其溶解度的不同而不同,有快有慢、有长有短。容易溶解的呈味物质,引起味觉较快,但消失也快;难溶的呈味物质则与此相反。例如,蔗糖比较容易溶解,因而味觉产生较快,其消失也快;较难溶解的味精,其味觉产生较慢,但维持的时间较长。一般从食品滋味的正异、浓淡、持续时间长短来评价食品滋味的好坏。滋味的正异是最为重要的,食品有异味或杂味,意味着该食品已腐败或有异物混入;滋味的浓淡要根据具体情况加以评价;滋味悠长的食品优于滋味维持时间短的食品。

2.2 食品感官评价的生理学和心理学基础

2.2.1 食品感官评价的生理学

(1)健康状况

身体患某些疾病或发生异常时,会导致失味、味觉迟钝或变味。这些由于疾病所引起的变化是暂时性的,待病恢复后可以恢复正常。如果品尝人员发热或感冒,触摸人员有皮肤或者免疫系统失调,有口腔疾病或者齿炎,还有情绪压抑或者工作压力太大等都不应参与鉴评任务。体内某些营养物质的缺乏也会造成对某些味道的喜好发生变化。比如在体内缺乏维生素A时,会显现对苦味的厌恶甚至拒绝食用带有苦味的食物,若这种维生素A缺乏症持续下去,则对咸味也拒绝接受。通过注射补充维生素A以后,对咸味的喜好性可恢复,但对苦味的喜好性却不再恢复。

(2)饥饿和睡眠状态

人处在饥饿状态下会提高味觉敏感性。有实验证明,4种基本味的敏感性在上午 11:30 达到最高。在进食后 1 h 内敏感性明显下降,降低的程度与所摄入食物的热量值有关,因此,鉴评不能在餐后的 2 h 内进行。饥饿对敏感性有一定影响,但是对于喜好性却几乎没有影响。

缺乏睡眠对咸味和甜味阈值不会产生影响,但是能明显提高酸味的阈值。适宜的鉴评工作时间是上午 10:30 到午饭时间。一般来说,每个鉴评员的最佳时间取决于生物钟,一般为一天中最清醒和最有活力的时间。

(3)年龄和性别

年龄对感官评价的影响主要发生在 60 岁以上的人群中。老年人会经常抱怨没有食欲感及很多食物吃起来无味。感官实验证实,年龄超过 60 岁的人对咸、酸、苦、甜 4 种基本味的敏感性会显著降低。造成这种情况的原因,一方面是年龄增长到一定程度后,舌头上的味蕾数目减少。另一方面,老年人自身所患的疾病也会阻碍这种敏感性。

性别对食品感官的影响有两种观点:一种观点是基本没有影响;而更多研究者则认为性别引起生理作用不同,会引起食品感官不同,并指出性别对苦味敏感性没有影响,而女性对咸味和甜味的敏感性比男性强,男性对酸味的敏感性比女性强。

(4)生理期

人的生理周期对食物感官评价有很大的影响。平时觉得很好吃的食物,在特殊时期(如妇女的妊娠期、更年期)会有很大的变化。妊娠期孕妇喜欢吃酸的,主要就是因为对酸味的敏感性降低。此外,也有科学研究表明妊娠期孕妇的口味会受到宝宝口味的影响。

2.2.2 食品感官评价的心理学

(1)期望效应

感官评价时所提供的样品信息可能会导致误差。比如评价员如果得知过剩的产品返回车间,将会认为样品的口味已经过时了;啤酒评价员如果得知啤酒花的含量,将会对苦味的判定产生误差。期望误差会直接破坏测试的有效性,所以必须对样品的原料保密,并且不能在测试前向评价员透露任何信息。样品应被编号,呈递给评价员的次序应该是随机的。有时,我们认为优秀的评价员不应受到样品信息的影响,然而,实际上评价员并不知道该怎样调整结论才能抵消由于期望所产生的自我暗示对其判断的影响。

(2) 习惯效应

人类是一种习惯性的动物,即在感觉世界里存在着习惯,由此产生习惯误差。这种误差来源于当所提供的刺激物产生一系列微小的变化时,而评价员却给予相同的反应,忽视了这种变化趋势,甚至不能察觉偶然错误的样品。习惯误差是常见的,必须通过改变样品的种类或者提供掺和样品来控制。

(3) 刺激效应

这种效应导致的误差产生于某种条件参数,例如容器的外形或颜色会影响评价员。如果条件参数上存在差异,即使完全一样的样品,评价员也会认为它们会有所不同。例如,装在螺旋盖瓶子里的酒一般比较便宜,评价员对用这种瓶子装的酒往往比用软木塞瓶装的酒给出更低分。较晚提供的样品一般被划分在口味较重的一档中,因为评价员知道为了减小疲劳,组长总是会将口味较淡的样品放在前面进行评价。避免这种情况发生的措施是:避免留下相关的线索,评价小组的时间安排要有规律,但提供样品的顺序或方法要经常变化。

(4) 逻辑效应

逻辑效应导致的误差常发生在当有两个或两个以上特征的样品在评价员的脑海中相互联系时。颜色越黑的酒口味越重,颜色越深的蛋黄酱越不新鲜,知道这些类似的知识会导致评价员更改结论,而忽视自身的感觉。逻辑误差必须通过保持样品的一致性以及通过用不同颜色的玻璃和光线等的掩饰作用减少所产生的差异。有些特定的逻辑误差不能被掩饰但可以通过其他途径来避免。例如,比较苦的啤酒一般由于啤酒花的香气而给更高分。组长可以尝试着训练评价员,为了提高苦味通过偶然混杂一些啤酒花含量低但含有奎宁成分的样品来打破他们的逻辑联想。

(5) 光圈效应

当需要评估样品的一种以上属性时,评价员对每种属性的评分会彼此影响,即光圈效应。对不同风味和总体可接受性同时评价时所产生的结果与每一种属性分别评价时所产生的结果是不同的。例如,在对橘子汁的消费测试中,评价员不仅要按自己对橘子汁的整体喜好程度来评分,还要对其他的一些属性进行评分。当一种产品受到欢迎时,其各个方面:甜度、酸度、新鲜度、风味和口感同样也被划分到较高的级别中。相反,若产品不受欢迎,则它的大多数属性的级别都会较低。当任何特定的变化对产品的评价结果都很重要时,避免光圈效应的方法是提供几组独立的样品用来评估。

(6)顺序效应

顺序效应是指当对比两个客观顺序无关的刺激时,经常会出现过大地评价最初的刺激或第二个刺激的现象。人的判断能力随时间而减弱,往往对第一个品尝的样品比较敏感。即使评判能力较强,品尝到最后一个试样时也会感到厌烦疲倦。所以,评价样品的数量不宜过多,否则会使评价员产生感觉疲劳,产生顺序效应。当连续进行多种试验时,可优先安排不易引起疲劳的项目进行。此外,为了减小疲劳效应对试验结果的影响,可将样品的品尝顺序无规则化。但如果两个样品的品尝间隔时间过长,也会导致过分评价第二个刺激。

(7)相互抑制

由于一个评价员的反应会受到其他评价员的影响,所以,评价员应被分到独立的小间里,防止自己的判断被其他人的表情所影响,也不允许口头表达对样品的意见。进行测试的地方应避免噪声和其他事物的影响,应与准备区分开。

(8)缺少主动

评价员的努力程度会决定是否能辨别出一些细微的差异,或是对自己的感觉进行适当的描述,或是给出准确的分数,这些对评价的结果都极为重要。评价小组的组长应该创造一个舒适的环境使组员顺利工作,一个有工作兴趣的组员总是更有效率。主动性在测试中能起到很大的效用,因此可以通过给出结果报告来维持评价员的兴趣。并且,应使评价员觉得评价是一项重要的工作,这样可以使评价工作更有效率地、精确地完成。

(9)极端与中庸

一些评价员习惯于使用评分标准中的两个极端来评判,这样会对测试结果有更大的影响。而另一些则习惯用评分标准中的中间部分来评判,这样就缩小了样品中的差异。为了获得更为准确的、有意义的结果,评价小组的组长应该每天监控新的评价员的评分结果,使用已经评估过的样品给予指导。

2.3 食品感官评价中的主要感觉

2.3.1 视觉

视觉是人类重要的感觉之一,绝大部分外部信息要靠视觉来获取。视觉是认识周围环境、建立客观事物第一印象的最直接和最简捷的途径。由于视觉在各种感觉中占据非常重要的地位,因此在食品感官分析上(尤其是消费者试验中),视觉起相当重要的作用。

视觉是眼球接受外界光线刺激后产生的感觉。眼球形状为圆球形,其表面由三层组织构成。最外层是起保护作用的巩膜,它的存在使眼球免遭损伤并保持眼球形状;中间一层是布满血管、柔软光滑的脉络膜,它可以阻止多余光线对眼球的干扰;最内层大部分是对视觉感觉最重要的视网膜,视网膜上分布着柱形和锥形光敏细胞。在视网膜的中心部分只有锥形光敏细胞,这个区域对光线最敏感。在眼球面对外界光线的部分有一块透明的凸状体,称为晶状体,它的屈曲程度可以通过睫状肌肉的运动而变化,保持外部物体的图像始终集中在视网膜上。晶状体的前部是瞳孔,这是一个中心带有孔的薄肌隔膜,瞳孔直径可变化以控制进入眼球的光线。

光波是产生视觉的刺激物质,但不是所有的光波都能被人所感受,只有波长在 380~770 nm 波长强度范围内的光波才是人眼可接受光波,不在此范围的光波都是不可见光。物体反射的光线,或者透过物体的光线照在角膜上,透过角膜到达晶状体,再透过玻璃体到达视网膜,大多数的光线落在外视网膜中的"中央凹"上。视觉感受器、视杆细胞和视锥细胞位于视网膜中。这些感受器含有光敏色素,受到光能刺激时会改变形状,导致电神经冲动的产生,并沿着视神经传递到大脑,这些脉冲经视神经和神经末梢传导到大脑,再由大脑转换成视觉。

视觉还具有三大基本特征。闪烁效应:当用一系列明暗交替的光线刺激眼球时,就会产生闪烁感觉,当刺激频率增加到一定程度时闪烁感觉消失,由连续的光感所代替。颜色与色彩视觉:颜色是光线与物体相互作用后,对其检测所得结果的感知,感觉到的物体颜色受三个实体的影响(物体的物理和化学组成、照射物体的光源光谱组成和接收者眼睛的光谱敏感性),改变这三个实体中的任何一个,都可以改变感知到的物体颜色;色彩视觉通常与视网膜上的锥形细胞和适宜的光线有关,在锥形细胞上有三种类型的感受体,每一种感受体只对一种基色产生反应,当代表不同颜色的不同波长的光波以不同强度刺激光能分辨物体的外形、轮廓,分不出物体的色彩。暗适应和亮适应:当人从明亮处转向黑暗处时,会出现视觉短暂消失而后逐渐恢复的情况,这样一个过程称为暗适应,在该过程中,由于光线强度骤变,瞳孔迅速扩大以适应这种变化,视网膜也逐步提高自身灵敏度,从而使分辨能力增强;亮适应则与此相反,是从暗处到亮处视觉逐步适应的过程,但是所经历的时间要比暗适应短。

视觉虽不像味觉和嗅觉那样对食品感官评价起决定性作用,但仍有重要影响,因其往往是感官评价的第一感觉,而食品的颜色变化会影响其他感觉。实验证实,只有当食品处于正常颜色范围内才会使味觉和嗅觉对该种食品正常评价,否则这些感觉的灵敏度会下降,甚至不能正确感觉。颜色对食品的分析评价具有下列作用:①便于挑选食品和判断食品的质量,食品的颜色比另外一些因素,诸如形状、质构等对食品的接受性和食品质量影响更大、更直接。②食品的颜色和接触食品时环境的颜色会显著增加或降低人们对食品的食欲。③食品的颜色常常决定其受人欢迎的程度,备受喜爱的食品常常是因为这种食品带有使人愉快的颜色。没有吸引力的食品,颜色不受欢迎是一个重要因素。④通过各种经验的积累,可以掌握不同食品应该具有的颜色,并据此判断食品所应具有的特性。

2.3.2 听觉

听觉在食品风味评价中主要用于某些特定食品(如膨化谷物食品)和食品的某些特性(如质构)的评析上。听觉是接受外界声波刺激后产生的一种感觉。正常人只能感受到频率处于30~15000 Hz范围的声波,对其中500~4000 Hz的声波最为敏感。耳朵是感觉声波的器官,耳朵分为内耳和外耳,内、外耳之间通过耳道相连。外界的声波经过外耳道传到鼓膜,引起鼓膜振动;振动通过听小骨传到内耳,刺激耳蜗内的听觉感受器,产生神经冲动;神经冲动通过与听觉有关的神经传递到大脑皮层的听觉中枢,就形成了听觉。

声波的振幅和频率是影响听觉的两个主要因素。声波振幅大小决定听觉所感受声音的强弱。振幅大则声音强,振幅小则声音弱。声波振幅通常用声压或声压级表示,即分贝。频率是指声波每秒钟振动的次数,是决定音调的主要因素。

听觉虽不常用于食品感官的分析,但其对总体感官的判断有一定的影响,食品的质感特别是咀嚼食品时发出的声音,在决定食品质量和食品接受性方面起着重要作用。例如,饼干类的膨化食品在正常情况下的咀嚼时应发出特有的清脆响声,否则可认为质量已变化,从而影响对该食品的风味判断;焙烤制品中的酥脆薄饼、爆玉米花和某些膨化制品,在咀嚼时应该发出特有的声响,否则可认为质量已变化而拒绝接受这类产品。声音对食欲也有一定影响。

2.3.3 触觉

触觉是通过被检验物作用于触觉感受器官所引起的反应,用其评价食品的方法称为触觉检验。触觉检验主要借助手、皮肤和口腔等器官的触觉神经来检验食品的弹性、韧性、紧密程度和稠度等。在品尝食品时可评价其脆性、黏度、松化、弹性、硬度、冷热、油腻性和接触压力等触感。因此食品的触觉是口部和手与食品接触时产生的感觉,通过对食品的形变所加力产生刺激的反应表现出来,表现为接触、咬断、咀嚼、品味、吞咽的反应。

大小和形状是触觉感官的第一个特性。口腔能够感受到食品组成的大小和形状,对悬浮颗粒的大小、形状和硬度对糖浆沙砾性口部知觉的研究发现,柔软的、圆的,或者相对较硬的、扁的颗粒,粒径到约 80 μm,人们都感觉不到有沙砾,然而,硬的、有棱角的颗粒仅为 11~22 μm 时,人们就能感觉到口中有沙砾。

第二个特性是口感,通常其动态变化要比大多数其他口部触觉的质地特征更少,口感可分为 11 类:关于黏度的(稀的、稠的),关于软组织表面相关感觉的(光滑的、有果肉浆的),与 CO_2 饱和相关的(刺痛的、泡沫的、起泡性的),与主体相关的(水质的、重的、轻的),与化学相关的(收敛的、麻木的、冷的),与口腔外部相关的(附着的、脂肪的、油脂的),与舌头运动的阻力相关的(黏糊糊的、黏性的、软糯的、浆状的),与嘴部的后感觉相关的(干净的、逗留的),与生理的后感觉相关的(充满的、渴望的),与温度相关的(热的、冷的),与湿润情况相关的(湿的、干的)。

口腔中的加工过程中的相变是第三个触觉感官特性。人们并没有对食品在口腔中的溶化行为以及与质地有关的变化进行扩展研究,由于在口腔中温度的增加,因此,许多食品在嘴中经历了一个相的变化过程,巧克力和冰激凌就是很好的例子。例如"冰激凌效应"被认为动态的对比是冰激凌和其他产品高度美味的原因所在。

手感是第四个触觉的感官特性。例如,根据鱼体肌肉的硬度和弹性,可以判断鱼是否新鲜或腐败;对谷物,可以用手抓起一把,凭手感评价其水分;对饴糖和蜂蜜,用掌心或指头揉搓时的润滑感可鉴定其稠度。此外,关于纤维和纸张相关的触觉性质,包括机械特性(强迫压缩、有弹力和坚硬)、几何特性(模糊的、有沙砾的)、湿度(油状的、湿润的)、耐热特性(温暖)及非触觉性质(声音)。

2.3.4 嗅觉

嗅觉与食品风味有密切的关系,是进行感官评价时所使用的重要感官之一。食品的正常气味是人们是否能够接受该食品的一个决定因素。嗅觉的刺激物必须是气体物质(嗅感物质),只有挥发性有味物质的分子,才能成为细胞的刺激物。嗅觉感受器位于鼻腔顶部,称为黏膜,面积约为 5 cm^2。在鼻腔上鼻道内有上皮,其中的嗅细胞,是嗅觉器官的外周感受器。人类鼻腔每侧约有 200 万个细胞,细胞的黏膜表面带有纤毛,可以同有气味的物质接触。人在正常呼吸时,嗅感物质随空气流进入鼻腔,溶于嗅黏液中,与嗅纤毛相遇而被吸附到嗅黏膜的嗅细胞上,然后通过内鼻进入肺部。

当鼻腔上皮中的嗅觉细胞的气味受体捕捉到气体分子后,激活特异性蛋白,并将把气味信号转换成动作电位,经嗅觉细胞的神经纤维传达给前脑部位的嗅觉初级处理中枢——嗅球,继而以特定的气味化学分子结构被展示在嗅球上的同时,与嗅神经纤维细胞受体连接,提供大脑完成对气味信号的整理和识别作用,形成嗅觉中枢对气味的感觉。嗅觉系统具有高度专业化特征,每个气味受体细胞仅对相关分子作出反应,识别特定物质。人类约有 350 个气味受体基因,嗅觉系统采用受体组合的方式对气味分子进行编码,使之能够辨别和记忆远远超过受体基因数目的多种不同气味分子。这种交叉组合的编码方式是人类可辨别并记忆多达 10000 种气味的基础。

人类嗅觉的敏感度高于味觉,通常用嗅觉阈来表征。最敏感的气味物质——甲基硫醇只要在 1 m^3 空气中有 1.41×10^{-10} mol/L 就能被感觉到;而最敏感的呈味物质——马钱子碱的苦味要达到 1.6×10^{-6} mol/L 浓度才能感觉到。嗅觉感官能够感受到的乙醇溶液的浓度要比味觉感官所能感受到的浓度低 24000 倍。人嗅觉的敏感度,有很多时候甚至超过仪器分析方法测量的灵敏度。人类的嗅觉可以检测到许多在 10^{-10} mol/L 范围内的风味物质,如某些含硫化合物。鱼、肉等食品或食品材料发生轻微的腐败变质时,其理化指标变化不大,但灵敏的嗅觉可以察觉到异味的产生。

嗅觉的重要性不言而喻,当我们闻葡萄酒或成熟的草莓的气味时,实际上是这些物质的气味分子激活了我们的嗅觉系统,让我们能够鉴别出物质的好坏,并做出正确的选择。某种特别的气味还能唤起我们孩提时代或与之伴随的感情时刻的清晰回忆。如果我们在少年时代吃了一只不新鲜的蛤蜊,并导致身体的不适,我们会长久记住这一事实,多年后即使我们在餐桌上看到含有蛤蜊的精美食物,这种记忆也会让我们拒绝它。失去嗅觉是生命中一种严重的障碍,因为我们不再能感觉不同质量的食物,也不能察觉危险的信号,如闻不到起火的烟味。

在食品的嗅觉感官识别中,有很多经典的技术与方法,简要叙述如下:

(1)嗅技术

嗅觉受体位于鼻腔最上端的嗅上皮内,在正常的呼吸中,吸入的空气并不倾向通过鼻上部,多通过下鼻道和中鼻道。带有气味物质的空气只能极少量而且缓慢地通入鼻腔嗅区，所以只能感受到有轻微的气味。要使空气到达这个区域获得一个明显的嗅觉，把头部稍微低下对准被嗅物质，进行适当用力地吸气或扇动鼻翼做急促的呼吸使气味物质自下而上地通入鼻腔，使空气易形成急驶的涡流。气体分子较多地接触嗅上皮，从而引起嗅觉的增强效应。这样一个嗅过程就是所谓的嗅技术。但嗅技术并不适用于所有气味物质，如一些能引起痛感的含辛辣成分的气体物质。因此，使用嗅技术要非常小心。通常对同一气味物质使用嗅技术不超过3次，否则会引起“适应”，使嗅敏度下降。

(2)气味识别

范氏试验是一种气体物质不送入口中而在舌上被感觉出的技术。首先，用手捏住鼻孔张口呼吸，然后把一个盛有气味物质的小瓶放在张开的口旁(瓶颈靠近口但不能明嚼)，迅速地吸入一口气并立即拿走小瓶，闭口，放开鼻孔使气流通过鼻孔流出(口仍闭着)从而在舌上感觉到该物质。

各种气味就像学习语言那样可以被记忆。人们时时刻刻都可以感觉到气味的存在，但由于无意识或习惯性也就并不察觉它们。因此要记忆气味就必须设计气味识别训练，有意识地加强这种记忆，以便能够识别各种气味，详细描述其特征。训练实验通常是选用一些纯气味物(如十八醛、对丙烯基茴香醚、肉桂油、丁香等)单独或者混合用纯乙醇作为溶剂稀释成10 g/mL或1 g/mL的溶液(当样品具有强烈辣味时，可制成水溶液)，装入试管中或用纯净无味的白滤纸制备尝味条(长150 mm、宽10 mm)，借用范氏试验训练气味记忆。

(3)香识别

①啜食技术。

因为吞咽大量样品不卫生，品茗专家和鉴评专家发明了一项专门技术——啜食技术，来代替吞咽的感觉动作，使香气和空气一起流过后鼻部被压入嗅味区域。品茗专家和咖啡品尝专家使用匙把样品送入口内并用力地吸气，使液体杂乱地吸向咽壁(就像吞咽时一样)，气体成分通过鼻后部到达嗅味区。不必进行吞咽，可以吐出样品。品酒专家随着酒被送入张开的口中，轻轻地吸气进行咀嚼。酒香比茶香和咖啡香具有更多挥发成分，因此品酒专家的啜食技术更应谨慎。

②香的识别。

香识别训练首先应注意色彩的影响，通常多采用红光以消除色彩的干扰。训练用的样品要有典型，可选各类食品中最具典型香的食品进行。果蔬汁最好用原汁，糖果蜜饯类要用纸包原块，面包要用整块，肉类应该采用原汤，乳类应注意异味区别的训练。训练方法用啜食技术，并注意必须先嗅后尝，以确保准确性。

2.3.5 味觉

味觉是人的基本感觉之一，是指可溶性呈味物质溶解在口腔中对味感受体进行刺激后产生的反应。味觉一直是人类对食物进行辨别、挑选和决定是否予以接受的主要因素之一，对人类的进化和发展起着重要的作用。味感物质必须要溶于水才能刺激味细胞，现在公认的基本味觉有酸、甜、苦、咸、鲜五种，其余味道都是由基本味觉组成的混合味觉。从试验角度讲，纯粹的味感应是堵塞鼻腔后，将接近体温的试样送入口腔内而获得的感觉。通常，味感往往是味觉、嗅觉、温度觉和痛觉等几种感觉在嘴内的综合反应。

呈味物质刺激口腔内的味觉感受体，通过收集和传递信息的神经感觉系统传导到大脑的味觉中枢，最后通过大脑的综合神经中枢系统的分析而产生味觉。不同的味觉产生有不同的味觉感受体。人对味的感觉主要依靠口腔内的味蕾，以及自由神经末梢。味蕾大部分分布在舌头表面的乳状突起中，尤其是舌黏膜皱褶处的乳状突起中最稠密。味蕾一般由 40~150 个香蕉形的味细胞构成，10~14 d 更换一次，味细胞表面有许多味觉感受分子，包括蛋白质、脂质及少量的糖类、核酸和无机离子，不同物质能与不同的味觉感受分子结合而呈现不同的味道。蛋白质是甜味物质的受体，脂质是苦味和咸味物质的受体。

由于味觉通过神经几乎以极限速度传递信息，因此人的味觉从呈味物质刺激到感受到滋味仅需 1.5~4.0 ms，比视觉（13~45 ms）、听觉（1.27~21.5 ms）、触觉（2.4~8.9 ms）都快。在五种基本味觉中，人对咸味的感觉最快，对苦味的感觉最慢，但就人对味觉的敏感性来讲，苦味比其他味觉都敏感，更容易被觉察，鲜味则最为综合，往往能够令人愉悦。味觉与温度有关，一般在 10~45℃ 范围内较适宜，以 30℃ 时最为敏锐。影响味觉的因素还与呈味物质所处介质有关联，介质的黏度会影响味感物质的扩散，黏度增加味道辨别能力降低。味道与呈味物质的组合以及人的心理也有微妙的相互组合，谷氨酸钠（味精）只有在食盐存在时才呈现出鲜味；食盐和砂糖以相当的浓度混合，砂糖的甜味会明显减弱等。由于味之间的相互作用受多种因素的影响，呈味物质相混合并不是味道的简单叠加，需要评价员经过训练，并在实践中认真感觉才能获得比较可靠的结果。因此，在作味觉相关的评价时，也应按照刺激性由弱到强的顺序，最后鉴别味道强烈的食品。每鉴别一种食品之后必须用温开水漱口，并注意适当且充分的中间休息。

五种基本味道酸、甜、苦、咸和鲜的形成机理分别如下。

(1)酸味形成的生物学机理

酸味是由 H^+ 刺激舌黏膜而引起的味感,HA 酸中质子 H^+ 是定味剂,酸根负离子 A 是助味剂,酸味物质的阴离子结构对酸味强度有影响;有机酸根 A 结构上增加羟基或羧基,则亲脂性减弱,酸味减弱;增加疏水性基因,有利于 A 在脂膜上的吸附,酸味增强。

(2)甜味形成的生物学机理

甜味通常是指那种由糖引起的令人愉快的感觉。某些蛋白质和一些其他非糖类特殊物质也会引起甜味。甜通常与连接到羰基上的醛基和酮基有关。甜味是通过多种 G 蛋白耦合受体来获得的,这些感受器耦合了味蕾上存在的 G 蛋白味导素。

(3)苦味形成的生物学机理

苦味是由含有化学物质的液体刺激引起的感觉。味觉的感受器是味蕾,味蕾呈卵圆形,主要由味细胞和支持细胞组成,味细胞顶部有微绒毛向味孔方向伸展,与唾液接触,细胞基部有神经纤维支配。分布于味蕾中味细胞顶部微绒毛上的苦味受体蛋白与溶解在液相中的苦味物质结合后活化,经过细胞内信号传导,使味觉细胞膜去极化,继而引发神经细胞突触后兴奋,兴奋性信号沿面神经、舌咽神经或迷走神经进入延髓束核,更换神经元到丘脑,最后投射到大脑中央后回最下部的味觉中枢,经过神经中枢的整合最终产生苦味感知。

(4)咸味形成的生物学机理

目前一般认为氯化钠的咸味来自阳离子——钠离子,钠离子被特定味觉细胞上的钠离子通道输送进味觉细胞,引起细胞膜内外电势波动,细胞电位变化使得钙离子通道打开,钙离子内流使得神经递质释放,激活下一级神经元,神经信号传递到中枢,产生咸味的感觉。食品在咀嚼和吞咽的过程中分散、裂解,部分分子或离子溶解于唾液中,扩散到味蕾上接触到味觉细胞。对于感受咸味的类胶质细胞来说,当钠离子浓度达到一定程度时,钠离子与细胞上的特异性通道蛋白(ENaC)结合,进入细胞内部,钠离子在细胞内富集,细胞膜去极化,钙离子内流,引起神经递质释放,产生神经信号传导,最终感受到咸味。

(5)鲜味形成的生物学机理

鲜味是一种非常可口的味道,由 L-谷氨酸所诱发,鲜味受体膜外段的结构类似于捕蝇草由两个球形子域构成、两个域由 3 股弹性铰链连接,形成一个捕蝇草样的凹槽结构。L-谷氨酸结合到凹槽底部近铰链部位。肌苷酸则结合到凹槽开口附近。研究人员对鲜味受体的形状进行了少许的改动,发现了一种特殊的变构效应,即肌苷酸结合于 L-谷氨酸附近的部位可以稳定 VT 闭合构象,增强 L-谷氨酸与味觉受体结合的程度及鲜味味觉。

五种味道均有自己的阈值,即感受到某呈味物质的味觉所需要的该物质的最低浓度(同下文的绝对阈值)。常温下水溶液中它们的阈值依次为:蔗糖(甜味)为 0.1%,氯化钠(咸味)0.05%,柠檬酸(酸味)0.0025%,硫酸奎宁(苦味)0.0001%,谷氨酸钠(鲜味)0.014%。根据阈值的测定方法的不同,又可将阈值分为:绝对阈值,是指人从感觉某种物质的味觉从无到有的刺激量,是引起感觉所需要的感官刺激最小值;差别阈值,是指人感觉某种物质的味觉有显著差别的刺激量的差值,即可以感知到的两者刺激强度差别的最小值;极限阈值,是指人感觉某种物质的刺激不随刺激量的增加而增加的刺激量,换言之也可看作一种强烈感官刺激的最小值,当超过此阈值时感受不到刺激强度的差别。

2.4 感官的相互作用

各种感官感觉不仅受直接刺激该感官所引起的反应,而且感官感觉之间还有互相作用。食品整体风味感觉中味觉与嗅觉相互影响较为复杂。烹饪技术认为风味感觉是味觉与嗅觉印象的结合,并伴随着质地和温度效应,甚至也受外观的影响。但在心理物理学实验室的控制条件下,将蔗糖(滋味物质)和柠檬醛(气味物质)简单混合,表现出几乎完全相加的效应,对各自的强度评分很少或没有影响。食品专业人员和消费者普遍认为味觉和嗅觉以某种方式相关联。以上问题部分是由于使用"口味"一词来表示食品风味的所有方面。但如果限定为口腔中被感知的非挥发性物质所产生的感觉,是否与主要表现为嗅觉的香气和挥发性风味物质有相互影响有如下几种情况。

从心理物理学文献中得到一个重要的观察结果,感官强度是叠加的。设计关于产品风味强度总体印象的味觉和嗅觉刺激的总和效应时,几乎没有证据表明这两种模式间有相互影响。人们会将一些挥发性物质的感觉误认为是"味觉"。令人难受的味觉一般抑制挥发性风味,而令人愉快的味觉则使其增强。这一结果提出了几种可能性。一种解释是将这一作用看作是一种简单的光环效应。按照这一原理,光环效应意味着一种突出的、令人愉快的风味物质含量的增加会提高对其他愉快风味物质的得分。相反,令人讨厌的风味成分的增加会降低对愉快特性的强度得分。换句话说,一般的快感反应对于品质评分会产生相关性,甚至是那些生理学上没有关系的反应。这一原理的一个推论是评价员一般不可能在简单的强度判断中将快感反应的影响排除在外，特别是在评价真正的食品时。虽然在心理物理学环境中可能会采取一种非常独立的和分析的态度，但这在评价食品时却困难得多，特别是对于没有经验的评价员和消费者，食品仅仅是情绪刺激物。

口味和风味间的相互影响会随它们的不同组合而改变。这种相互影响可能取决于特定的风味物质和口味物质的结合，该模式由于这种情况而具有潜在的复杂性。相互间的影响会随对受试者的指令而改变。给予受试者的指令可能对于感官评分有较大影响，受试者接受指令所作出的反应也会明显影响口味和气味的相互作用。这一发现对于那些食品感官检验应该加以引导的方法，特别是对复合食品的多重特性进行评分的描述分析具有广泛的意义。

另两类相互影响的形式在食品中很重要。一是化学刺激与风味的相互影响；二是视觉外观的变化对风味评分的影响。三叉神经风味感觉与味觉和嗅觉的相互影响了解很少。然而，任何比较过跑气汽水和含碳酸气汽水的人都会认识到二氧化碳所赋予的麻刺感会改变一种产品的风味均衡，通常当碳酸化作用不存在时对产品风味会有损害。跑气的汽水通常太甜，脱气的香槟酒通常是很乏味的葡萄酒味。

一些心理物理学研究考察了化学物质对三叉神经的刺激与口味和气味感觉的相互作用。在大多数心理物理学实验中，这些研究注重于单一化学物质在简单混合物中所感知的强度变化。最先考察化学刺激对嗅觉作用的研究人员，发现了鼻中二氧化碳对嗅觉的共同抑制作用。即使二氧化碳麻刺感的出现比嗅觉的产生略微有些滞后，这一现象也会发生。由于许多气息也含有刺激性成分，有些抑制作用在日常风味感觉中是一件平常的事情也是有可能的。如果有人对鼻腔刺激的敏感性降低了，芳香的风味感觉的均衡作用有可能被转换成嗅觉成分的风味。如果刺激减小，那么刺激的抑制效应也将减小。

任何位于鼻中或口中的风味化学物质可能有多重感官效应。食品的视觉和触觉印象对于正确评价和接受很关键。声音同样影响食品的整体感觉，咀嚼食物时，产生的声音与食物的松脆程度有紧密的关系。

总之，人类的各种感官是相互作用、相互影响的。在食品感官评价实施过程中，应该重视感官之间的相互作用对评价结果所产生的影响，以获得更加准确的评价结果。

3　食品感官评价的组织

显而易见,食品感官评价以人作为测量工具,而人是主动、开放、发展和变化的生物体系,其评价结果易受生理、心理和环境等多种因素的影响。影响食品感官评价的因素包括客观因素和主观因素,客观因素包括外部环境条件(实验室)和样品(制备、呈送),而主观因素则涉及参与食品感官评价的评价员(基本条件、素质和培训等)。

3.1　感官评价实验室的要求

3.1.1　一般要求

食品感官评价实验室是进行样品制备、感官评价、结果评定与讨论等重要活动的场所,其环境条件对食品感官评价有很大的影响,主要体现在对评价员的生理、心理上的影响和对样品品质的影响。食品感官评价实验室应保证感官评价在已知和最小干扰的可控条件下进行,减少生理因素和心理因素对评价员判断的影响,尽可能地将食品感官评价实验室的环境因素标准化,才能够保证感官评价小组得出可靠的评价结果。目前,规范的食品感官评价实验室应按照 GB/T 13868—2009《感官分析 建立感官评价实验室的一般导则》或 ISO 8589—2007 Sensory Analysis General Guidance for the Design of Test Room 建设。

食品感官评价实验室宜建在感官评价员易于到达的地方,且除非采取减少噪声和干扰的措施,应避免建在交通流量大的地段(如餐厅附近)。同时还应考虑采取合理措施以使特定感官评价员(如残疾人)易于到达。设计食品感官评价实验室时,一般要考虑噪声、振动、室温、湿度、色彩、气味、气压等因素,以及可能导致评价员精力分散及产生身体不适或心理变化的因素,防止影响评价结果的准确性和可靠性。

3.1.2　功能要求

食品感官评价实验室至少由两个基本部分组成,即进行食品感官评价的样品检验区和制备评价样品的制备区。若条件允许,也可设置一些附属部分,如办公室、休息室、更衣室、盥洗室、样品贮藏室等。食品感官评价实验室的平面布局示意图见图 3-1。评价员在进入评价小间之前,感官评价实验室最好能有一个集合或等待的区域,此区域应易于清洁以保证良好的卫生状况。

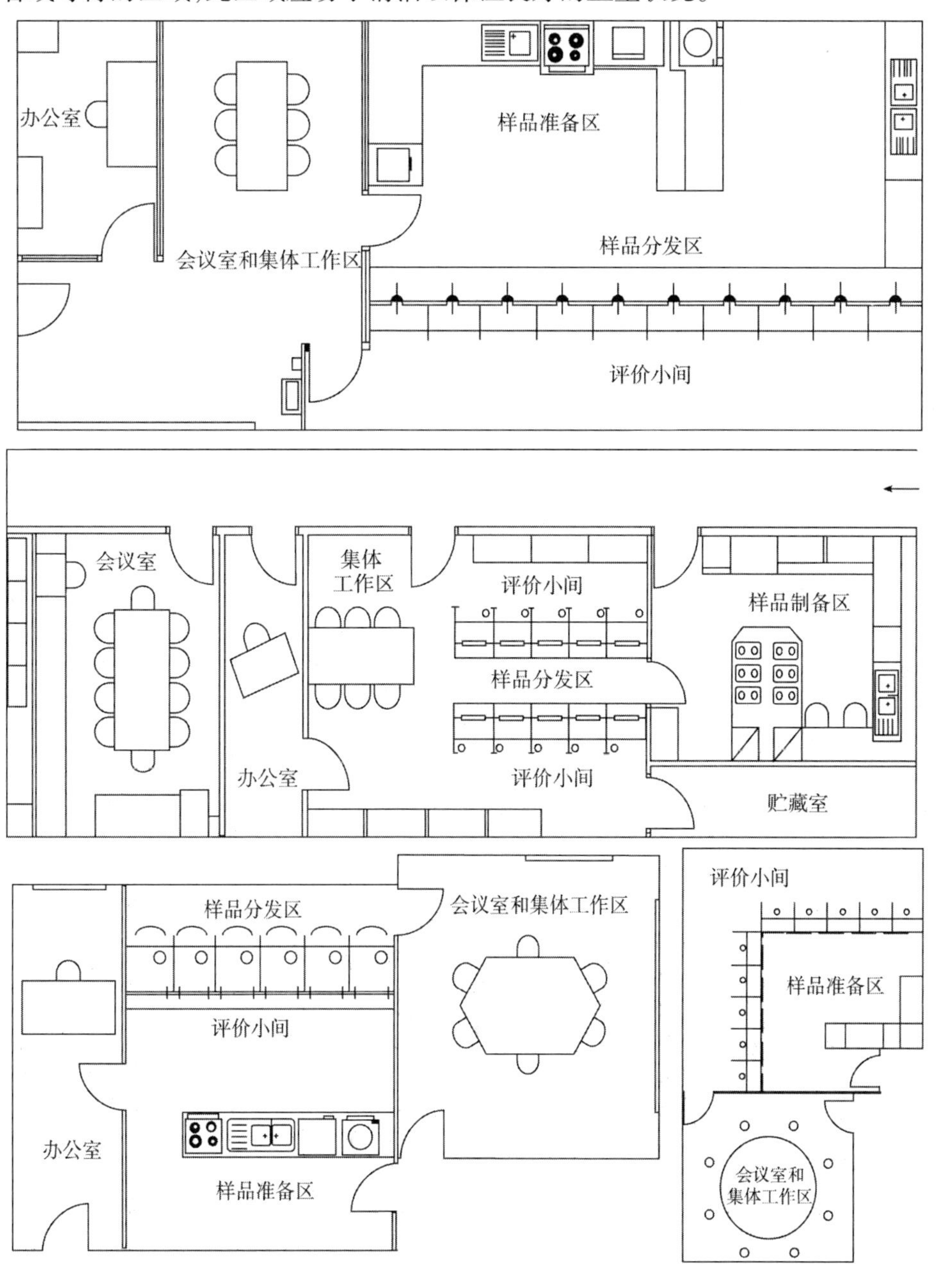

图 3-1　4 种感官评价实验室平面图示例(引自 GB/T 13868—2009)

(1)样品制备区

样品制备区是准备试验样品的场所,其功能类似于整体厨房,要求布局合理,使样品的准备工作便捷高效。样品制备区内应配备工作台、水池、用于制备样品的必要设备(容器、盘子天平等),用于样品的烹调、烹调的控制、保存及清洁的必要电器设备(如炊具、烤箱、温度控制器、冰箱、冷冻机、洗碗机等);仓储设施及辅助设施。用于制备和保存样品的器具和设施应采用无味、无吸附性的惰性材料制成,并未被污染。样品制备区还应充分重视通风性能,防止制备过程中样品的气味传入检验区。

样品制备区应靠近检验区,但应避免评价员进入检验区时看到样品的制备过程,更不允许评价员进入检验区,防止评价员得到一些片面的、不正确的信息,影响其感官响应和判断。样品制备区工作人员应是经过一定培训,具有常规化学实验室工作能力、熟悉食品感官评价有关要求和规定的人员。

(2)样品检验区

样品检验区是感官评价员进行感官评价的场所,也是感官评价实验室的核心部分。样品检验区应紧邻样品制备区,以便于提供样品,但两个区域应隔开(由可开关的门互相连通),以减少气味和噪声等干扰。为避免对检验结果带来偏差,不允许评价员进入或离开检验区时穿过制备区。许多感官评价要求评价员独立进行评价,样品检验区通常由多个只能容纳一名感官评价员在内独自进行感官评价试验的评价小间构成,减少评价过程中的干扰并避免相互交流。

评价小间可由隔挡隔开(图 3-2),或由单独的柜体组成(图 3-3)。评价小间的数量应根据检验区实际空间的大小和通常进行检验的类型决定,并保证检验区内有足够的活动空间和提供样品的空间。每一评价小间内应设置以下几个空间:①工作台,应足够大以能放下评价样品、器皿、回答表格和笔或用于传递回答结果的计算机等设备。②舒适的座位,座椅下应安装橡皮滑轮,或将座位固定,以防移动时发出响声。③信号系统,使评价员在做好准备和检验结束后可通知检验主持人(评价员和外界沟通的工具),特别是制备区与检验区有隔墙分开时尤为重要。④样品传递窗口,保证评价员看不到样品准备和样品编号的过程,以及和送样人员的碰面(图 3-4)。⑤漱口设施,一般为水池或痰盂,并应备有有盖的漱口杯和漱口剂,但如果安装水池,应控制水温、水的气味、水的响声和下水池的反味(有些高蛋白的样品容易在下水管道产生臭味且难清理)。⑥数字或符号标识,方便感官评价员识别就座。⑦照明设备,评价小间的照明应是可调控的、无影的和均匀的,并且有足够的亮度以利于评价,推荐灯的色温为 6500 K,为了掩蔽样品的颜色或其他特性的差别,可使用调光器、彩色光源、滤色器单一光源(如钠灯)等设施。一般用红色或绿色来掩蔽样品的颜色差别。在消费者检验时,灯光应与消费者家中照明相似。

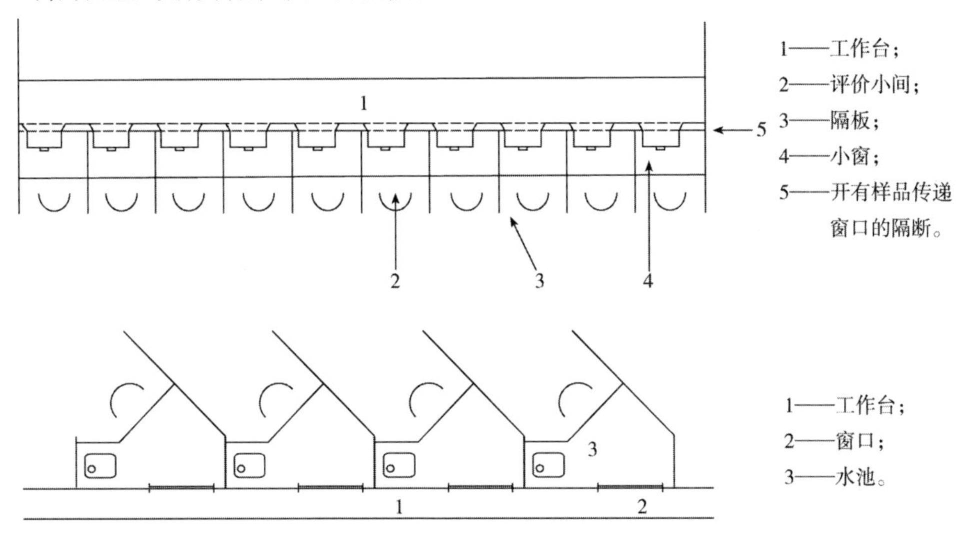

图 3-2 两种隔挡方式的感官评价小间(引自 GB/T 13868—2009)

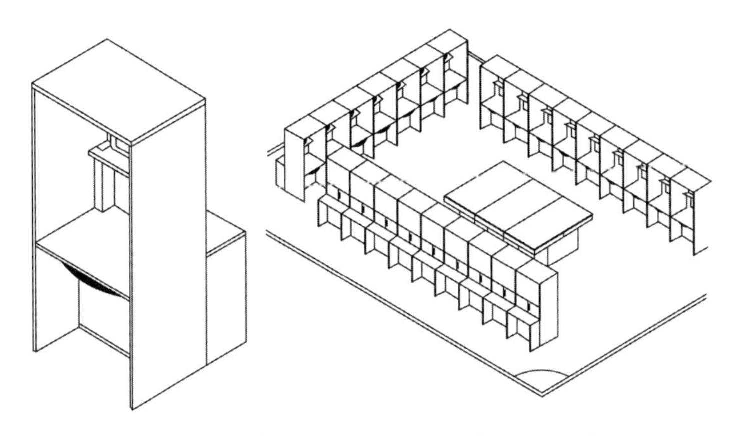

图 3-3 单独柜体式感官评价小间及其组成的评价区域
(引自上海瑞玢智能科技的产品库)

(3)集体工作区(讨论区)

集体工作区是评价员集体工作的场所。它用于评价员之间的讨论,也用于评价员的培训、授课等。集体工作区应设一张大型桌子及 5~10 把舒适的椅子。桌子应较宽大,能放下每位评价员的检验用具及样品。桌子应配有可拆卸的隔板,使评价员相互隔开,单独评价。集体工作区应配有黑板及图表,用以记录讨论要点。若条件允许,可配置投影仪等设备。集体工作区一般设在检验区内,但也可设在单独房间内。

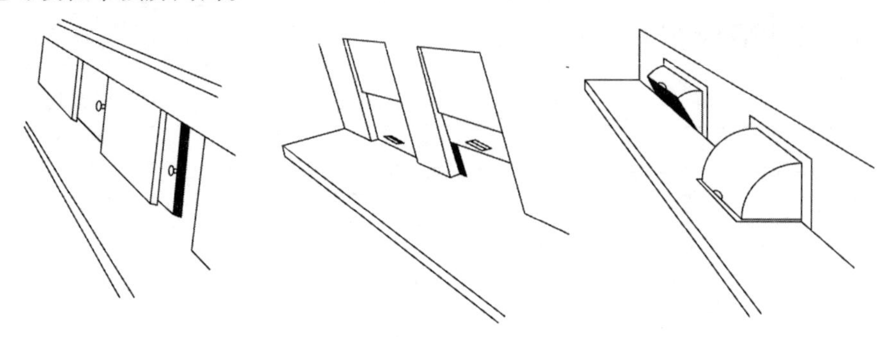

图 3-4　3 种典型样品传递窗口(引自 GB/T 13868—2009)

(4)办公区

办公室主要是感官分析师的办公场所,一般配置常用办公设备,使感官分析师能进行评价表单的设计、数据的统计分析、感官评价报告的撰写等工作,以及讨论试验方案和评价结果、征求意见反馈等。有条件的办公室可配置网络终端与评价小间的计算机相连,方便感官分析师随时在线察看评价过程的进展情况。

此外,如果有条件,可在检验区附近建立休息室、更衣室、盥洗室和贮藏室。

3.1.3　环境要求

建立食品感官评价实验室时,应尽量创造有利于感官检验顺利进行和评价员正常评价的良好环境,应尽可能减小评价员的偏见,提高他们的敏感性,并消除样品以外的所有差异,减少外界因素对感官评价员的干扰,尽量减少评价员的精力分散及可能引起的身体不适或心理因素的变化,避免判断上产生错觉。规范的样品检验区应对温度、湿度、噪声、气味、室内颜色装饰及采光照明等环境条件有严格的要求和控制。

(1)温度和相对湿度

当处于不合适的温度和相对湿度环境中时,不仅会给评价员带来不适感,而且会对嗅觉、味觉等感官感觉能力有较大影响。除非样品评价有特殊条件要求,检验区的温度和相对湿度都应尽量让评价员感到舒适。检验区的温度和相对湿度应是可控和适宜的,一般检验区室温保持在 20~25℃,相对湿度控制在 50%~60%。此外,合适的温度和湿度还能保证样品在制备和短暂存放期间的稳定性。

(2)噪音

噪声会影响人的听力,使人的血压上升,呼吸困难,唾液分泌减退;令人产生不快感、焦躁感,注意力下降,工作效率下降等。感官评价实验室宜使用降噪地板,最大限度降低因步行或移动物体等产生的噪声。感官评价实验室在检验期间应控制噪声,可采用隔离声源、吸音处理、遮音处理、防振处理等方法将噪声控制在 40 dB 以下。

(3)气味

外来气味会干扰评价员对样品的评价,食品感官评价检验区的环境必须是无味的。检验区的建筑材料、内部设施和清洁器具均应无味、不吸附和不散发气味。有些食品本身带有挥发性气味,加上试验人员的活动,检验区易产生和存在异味,因此检验区应采用装有过滤装置的换气设备来净化空气,如安装可定期更换的活性炭过滤器,需要时可在检验区增大大气压强以减少外界气味的侵入,但不能使评价员感觉到有风。空气流速应小于 0.3 m/s,每分钟换气量一般为室内容积的 2 倍。检验区的建筑材料应易于清洁,不吸附和不散发气味,设施和装置(如地毯、椅子等)也不应散发气味干扰评价。尽量减少使用织物,因其易吸附气味且难以清洗。使用的清洁剂在检验区内不应留下气味。

(4)室内装饰

检验区的色彩应适应人的视觉特点,不仅要有助于改善采光照明的效果,更要有助于消除疲劳,避免使人产生郁闷情绪。检验区墙壁、地板和内部设施的颜色应为中性色,采用稳重、柔和的颜色,以免影响样品的检验。推荐使用乳白色或中性浅灰色(地板和椅子可适当使用暗色),其颜色不能影响到被检样品的色泽。

(5)采光照明

采光照明会影响样品的颜色及外观的评价,感官评价中采光照明的来源、类型和强度非常重要。检验区的采光照明应可调控、无影和均匀,并且有足够的亮度以利于评价。自然采光时,光线变化很大,因此应适当采用窗帘和百叶窗调节光线。人工照明主要使用白炽灯和荧光灯,灯的色温为 6500 K。检验区的适宜照度为 200~400 lx,分析样品外观或色泽时需要的照度可达 1000 lx。

3.2 感官评价样品的控制

样品间的差异性是感官评价的核心,也是感官评价的对象和出发点。样品制备过程中所使用的设备、盛样器皿及制备的方式和过程,都影响着评价结果的准确性和可靠性。样品的呈送顺序会引起时序误差、趋中误差、反差误差与趋同误差等,对感官评价产生心理影响,进而影响评价结果的准确性和可靠性。样品的温度、体积、形状、大小及样品呈送的器皿等非试验因子,也可能对评价员产生暗示或影响。在感官评价试验中,必须控制样品制备与呈送过程中的操作标准化,尽可能保持样品间的真实差异,避免因为样品制备与呈送而扩大或缩小这种差异。

3.2.1 样品的制备

(1)均一性

均一性是指制备的样品除所要评价的特性外,其他感官特性(包括样品量、颜色、外观、形态、温度等)应完全相同。要获得可重复、再现的结果,样品的均一性十分关键。样品在其他感官特性上的差别会造成对所要评价特性的影响,甚至会使评价结果完全失去意义。面包、蛋糕等表面和中心位置感官特性不同的烘焙样品,应从中心位置取样后放置在密封容器中以保证样品尺寸、颜色、硬度均一。对不希望出现差别的感官特性,采用不同方法消除样品间该感官特性上的差别,如可以使用无味的色素物质掩盖样品间的色差,使评价员能准确地分辨出样品间的风味差异。

(2)样品量

感官评价试验的样品量体现在两个方面,即评价员在一轮试验中所能评价的样品个数及试验中提供给评价员的每个样品的数量。呈送的样品量对评价员的判断会产生很大影响,因此在试验中要根据样品品质和试验目的,提供合适的样品个数和每个样品的样品量。大多数食品感官评价试验在考虑到各种因素影响后,每轮试验的样品数应控制在4~8个,每评价一轮样品后,应休息一段时间再评价下一轮。对含酒精样品和带有强刺激性(如辣味)的样品,每轮评价样品数应限制在2~4个;对于气味重、油脂高的样品,如调味料、熏肉,则每次只能评价1~2个样品;如果仅需视觉评价的样品,每轮可评价的样品数为20~30个。每次评价的样品量应一致,以保证不同轮次及不同评价员之间评价结果的可比性。应根据评价员的感官响应、感官疲劳及样品的经济性来确定每次评价适宜的样品呈送量。一般来说,液体、半固体样品每份15~30 mL,固体样品的大小、尺寸、质量则根据预实验确定。确定每次评价的样品量还需要考虑试验难易程度,以及评价员对试验了解的程度、对样品感官特性的熟悉程度和对试验的兴趣和认识。

(3)样品温度

在食品感官评价试验中,样品温度除了会因为过冷、过热造成评价员感官不适、感觉迟钝,还会加快挥发性气味物质挥发速度,改变松脆性、黏稠性等质构和溶解、结晶等其他物理特性,从而影响评价结果。温度变化会影响样品的风味、口感和组织形态,只有样品保持在恒定或适当的温度下进行评价,才能获得充分反映样品感官特性并可重复的结果。在试验中,可将事先制备好样品恒温保存,然后统一呈送,保证样品温度恒定和一致。样品温度的控制应以最容易感受所检验的特性为基础,通常是将样品温度保持在该样品日常食用的温度。

(4)样品承载器皿

制备和呈送样品时应根据样品的数量、形状、大小、食用温度等选择合适的器皿,一般应为素色、无气味、清洗方便的玻璃或陶瓷器皿,同一批次试验中的器皿、大小、形状、颜色、材质、重量、透明度等方面应一致。试验器皿应选择安全、无味的清洗剂洗涤,并在93℃下烘烤数小时以除去不良气味。通常感官评价试验过程中器皿的使用量大,在实际工作中常使用一次性塑料或纸质的杯子、托盘,既避免清洗处理的工作量,又不易破碎,不占空间。在使用一次性器皿时,需要特别注意环保、安全卫生和有无异味等问题。如果需要在较高温度下评价样品,就不要使用塑料的器皿,因为塑料会对样品(如热饮料)的风味产生负面影响。

(5)不能直接参评的样品

有些试验样品由于食品风味浓郁或物理状态(黏度、颜色、粉状度)等原因而不能直接进行感官评价,如香精、调味料、黄油、糖浆等。为此,需根据评价目的用一种化学组分确定的物质(如水、乳糖、糊精等)稀释或分散,或将样品添加到中性的食品载体中,再按照常规食品的样品制备方法进行制备与分发、呈送。例如,斯科维尔指数测定辣椒的辣度,就是通过将辣味提取液按比例稀释,让评价员找出刚刚能觉察出辣味的浓度最低的样品,根据样品的稀释倍数转化成辣度。

3.2.2 样品的编码和呈送

所有呈送给评价员的样品都应编码,通常采用随机的三位数字编码以免给评价员心理暗示。在同批次的感官评价试验中,呈送给每个评价员的样品,其编码最好互不相同;同一样品应有几个编码,以保证不同评价员拿到的样品编码不重复;连续多次试验时,避免使用重复编码,干扰评定结果。此外,不要选择评价员忌讳或喜好的数字(如250、888),不能采用具有倾向性的编码(如985、211)等。

样品呈送的顺序也会对感官评价的试验结果产生影响,因此样品的摆放顺序应避免可能产生的某种暗示,或者对感觉顺序上的误差,应注意让样品在每个位置上出现的概率相同或采用圆形摆放法。样品呈送的顺序首先要遵守平衡的原则。平衡是指每个样品在同一位置出现的次数相同。如,A、B、C 三个样品在试验中可按以下顺序呈送:ABC-ACB-BCA-BAC-CBA-CAB。所以该试验需要评价员的数量应为 6 的倍数,这样才能使每个样品出现在同一位置的次数相同。

样品的呈送还应随机,即评价的样品是随机的,评价样品的顺序也是随机的。样品的呈送与试验设计有关。考虑样品的感官性质和数量,常采用下面 3 种方法设计试验,这些设计方法在感官评价的国标中均有涉及。

完全随机设计:完全随机设计只考虑单一因素对试验结果的影响,适用于只有一种待测样品或者评价员不能同时评价多种样品的情况。这种试验设计把全部样品随机分送给每个评价员,即每个评价员只品尝一种样品。在不能做到所有评价员将所有样品都品尝一遍的情况下,如在不同地区进行的试验,可以使用该种方法。

随机完全区组设计:随机完全区组设计考虑了评价员间差异和样品间差异这两个因素对试验结果的影响。此方法将评价员看作区组,每个评价员评价所有的样品,各评价员得到的样品以随机或平衡的次序呈送,即是随机完全区组设计,或随机区组设计。当评价样品数量较少,评价员即使评价完所有样品也不会引起感官疲劳,即可采用该法。

平衡不完全区组设计:平衡不完全区组设计常用于样品数量太多或容易引起感官疲劳的情况。此方法将评价员看作区组,但每个评价员不评价所有的样品,仅评价其中的部分样品,但要求试验完成后每一对样品出现的次数相同,以及每个样品被评价的次数也相同,从而使整个试验达到平衡。在试验中区组出现顺序随机,且组内提供样品的顺序也随机。样品的相关信息,如样品的来源、加工工艺、贮藏条件、呈送状态等,对于试验设计和结果的解释非常重要,应在感官评价试验过程中详细记录。

3.3 感官评价人员的优选与培训

3.3.1 感官评价人员的分类

食品感官评价是在科学、有效的组织下进行的以人作为测量仪器的试验活动,评价员在试验中起着至关重要的作用。参加试验的评价员必须具有敏感的生理感觉能力和良好的评价心理,才能取得可靠而且重现性强的客观评价结果。由于个体感官灵敏性差异较大,而且有许多因素会影响到感官灵敏性的正常发挥,因此食品感官评价员的优选与培训,是使感官评价试验结果可靠和稳定的首要条件。

食品感官评价试验主要包括差别检验法、描述分析法和消费者情感检验,各类试验对评价员的要求不完全相同。感官评价员按照在感官评价上的经验及相应训练层次的不同,可分为以下 5 类。

(1)消费者型

消费者型的感官评价员由不同类型的消费者代表组成,是代表性最广泛的一类。消费者型感官评价员仅从自身的主观愿望出发,评价是否喜爱或接受所试验的产品及喜爱和接受的程度,而不对产品的具体属性或属性间的差别进行评价。

(2)无经验型

无经验型的感官评价员一般在感官评价实验室小范围内,由与所评价产品有关的人员组成,无须经过特定的筛选和训练程序,根据情况轮流参加感官评价试验。这一类评价员也只对产品的喜爱和接受程度进行评价,但代表性不及消费者型。

(3)有经验型

有经验型的感官评价员需通过感官评价员筛选测试,并具有一定分辨差别的能力。可以专业从事差别类试验,但是要经常参加以保持能力。

(4)训练型

训练型的感官评价员是有经验型感官评价员经过进一步筛选和训练后的评价员,具有描述产品感官特性及特性差别的能力,专门从事对产品感官特性的评价。训练型感官评价员语言表达能力较强,专门对产品感官特性的评价。

(5)专家型

专家型的感官评价员是感官评价员中层次最高的一类,专门从事产品质量控制、评估产品特定属性与记忆中该属性标准之间差别、评选优质产品等工作。此类评价员数量最少且不容易培养,如专业的品酒师、品茶师等。不仅需要积累多年专业工作经验和感官评价经历,而且需要在特性感觉上具有一定的天赋,在特征表述上具有突出的能力。

训练型和专家型的感官评价员在筛选时具有不同的国家参考标准,分别是

《GB/T 16291.1—2012 感官分析　选拔、培训与管理评价员一般导则　第1部分:优选评价员》《GB/T 16291.2—2010 感官分析　选拔、培训和管理评价员一般导则　第2部分:专家评价员》。在接下来的探讨中,我们仅罗列了优选评价员(即训练型感官评价员)的招募、筛选、培训和考核等工作。

3.3.2　评价人员的招募与初选

招募是建立优选评价员小组的主要基础工作。有很多不同的招募方法和标准,以及各种测试来筛选候选人是否适应将来的培训。招募候选人,从中选择最适合培训的人员作为优选评价员。一般要考虑以下三个问题:在哪里寻找组成该小组的成员?需要挑选多少人?如何挑选人员?

招募方式分为内部招募和外部招募两种。内部招募即候选人从办公室、工厂或实验室职员中招募。建议避免那些与被检验的样品密切接触的人员加入,特别是技术和销售人员,因为他们可能造成结果偏离。外部招募即从单位外部招募。内部和外部招募人员以不同比例共同组成混合评价小组。一般情况下,招募后由于味觉灵敏度、身体状况等原因,选拔过程中大约要淘汰掉半数人。评价小组工作时至少应该有10名优选评价员,需要招募人数至少是最后实际组成评价小组人数的2~3倍。例如,为了组成10人评价小组,需要招募40人,挑选20人。

此外,候选人的背景资料可通过候选评价员自己填写清晰明了的调查表,以及经验丰富的感官分析人员对其进行面试综合得到,要调查的内容应包括以下几点。

(1)兴趣和动机

那些对感官分析工作以及被调查产品感兴趣的候选人,比缺乏兴趣和动机的候选人可能更有积极性,并成为更好的感官评价员。

(2)对食品的态度

应确定候选评价员厌恶的某些食品或饮料,特别是其中是否有将来可能评价的对象。同时应了解是否由于文化上、种族上或其他方面的原因,而不使用某种食品或饮料。那些对某些食品有偏好的人往往会成为好的描述性分析评价员。

(3)知识和才能

候选人应能说明和表达出第一感觉,这需要具备一定的生理和才智方面的能力,同时具备思想集中和保持不受外界影响的能力。如果只要求候选评价员评价一种类型的产品,掌握该产品各方面的知识则有利于评价,那么就有可能从对这种产品表现出感官评价才能的候选人中选拔出专家评价员。

(4)健康状况

候选评价员应健康状况良好,没有影响他们感官功能的缺失、过敏或疾病,并且未服用损伤感官可靠性的药物。假牙可能影响对某些质地,味道等感官特性的评价。感冒或其他暂时状态(如怀孕)不应成为淘汰候选评价员的理由。

(5)表达能力

在考虑选拔描述性检验员时,候选人表达和描述感觉的能力特别重要,可在面试以及随后的筛选检验中考察。

(6)可用性

候选评价员应能参加培训和持续的客观评价工作。经常出差或工作繁重的人不宜从事感官分析工作。

(7)个性特点

候选评价员应在感官分析工作中表现出兴趣和积极性,能长时间、集中精力工作,能准时出席评价会,在工作中的表现诚实可靠。

(8)其他因素

招募需要记录,其他信息如姓名、年龄组、性别、国籍、教育背景、现任职务和感官分析经验,抽烟习惯等资料也要记录,但不能以此作为淘汰候选评价员的理由。

3.3.3 评价人员的筛选

筛选评价人员应在评价产品所要求的环境下进行,检验考核后再进行面试。选择评价员应综合考虑其将要承担的任务类别、面试表现及潜力,而非当前的表现。获得较高测试成功率的候选评价员理应比其他人更有优势,但那些在重复工作中不断进步的候选评价员在培训中可能表现很好。筛选过程主要包括 5 个方面。

(1)色彩分辨能力

色彩分辨能力可由有资质的验光师来检验,在缺少相关人员和设备时,可以借助有效的检验方法。

(2)味觉和嗅觉的缺失

需测定候选评价员对产品中低浓度的敏感性来检测其味觉、嗅觉的缺失或敏感性不足。

(3)匹配检验

制备明显高于阈值水平的有味道和油漆味的物质样品，每个样品都用不同的三位数随机编码。每种类型的样品提供一个给候选评价员，让其熟悉这些样品。相同的样品标上不同的编码后，提供给候选评价员，要求他们再与原来的样品一一匹配，并描述感觉。提供的新样品数量是原样品的两倍，样品的浓度不能高到产生很强的遗留作用，从而影响以后的检验，品尝不同样品时应用无味无臭的水来漱口。

(4)敏锐度和辨别能力

①刺激物识别测试。

测试采用三点检验法进行，每次测试一种被检材料，向每位候选评价员提供两份被检材料样品和一份水或其他中性介质的样品，或者一份被检材料样品和两份水或其他中性介质的样品。被检材料样品的浓度应在阈值水平之上。被检材料的浓度和中性介质，由组织者根据候选评价员参加的评价类型来选择，最佳候选评价员应能够100%正确识别。

②刺激物强度水平之间辨别测试。

该测试基于排序检验，测试中刺激物用于形成味道、气味、质地和色彩。此项测试的良好结果仅能说明候选评价员在所试物质特定强度下的辨别能力。每次检验中，将4个具有不同特性强度的样品以随机的方式提供给候选评价员，要求他们以强度递增的顺序排列样品。应以相同的顺序向所有候选评价员提供样品，以保证排序结果的可比性。

(5)描述能力测试

描述能力测试旨在检验候选评价员描述感官感觉的能力，气味和质地往往是一种综合的感受，描述时可以进行词汇的创造或定义，故可以用气味和质地的描述实验进行评价和面试。

①气味描述测试。

此试验用来检验候选人描述气味刺激的能力。向候选人提供5~10种不同的嗅觉刺激物。这些刺激物样品最好与最终评价的产品相联系。样品系列应包含熟悉的、比较容易识别的样品和一些生疏的、不常见的样品。刺激物的刺激强度应在识别阈值之上，但不要显著高出其在实际产品中的可能水平。常用的方法是：将吸有样品气味的石蜡或者棉绒置于深色无气味的50~100 mL的有盖细玻璃瓶中，使之有足够的样品材料挥发在瓶子的上部。在将样品提供给评价员之前应检查下气味的强度。也可将样品放在嗅条上。每次提供一个样品，要求候选评价员描述或记录其感受。初次评价后,组织者可以组织对样品的感官特性进行讨论,以便引出更多的评论以充分显示候选评价人描述刺激的能力。

②质地描述测试。

随机提供给候选人一系列样品,要求描述其质地特征。固体样品应加工成大小一致的块状,液体样品应用不透明的容器盛装。

根据下列标准对候选人表现分类:3 分,能正确识别或作出确切描述;2 分,能大体上描述;1 分,讨论后能识别或作出合适描述;0 分,不能描述。应根据所使用的不同材料规定出合格的操作水平。气味描述检验候选人其得分应该达到满分的 65%,否则不宜做这类检验。

3.3.4 评价人员的培训

筛选过关的评价员还要经过正确的样品评价步骤、味道与气味的正确区分、标度的使用、开发和使用描述词和特点样品知识与实践的培训,通过培训感官评价员可以更加熟悉样品和评价技术,增强辨别能力,使每个人的反应保持稳定,这对于样品的评价结果能否作为依据非常重要。培训的人数应是评价小组最后实际需要人数的 1.5~2 倍。为了保证候选评价员逐步养成感官分析的正确方法,应在标准的感官评价实验室中进行。除了偏爱检验之外,应要求候选评价员在任何时候都要客观评价,不应掺杂个人喜好和厌恶情绪。应对结果进行讨论并给予候选评价员再次评价样品的机会。要求候选评价员在评价之前和评价过程中禁止使用有香味的化妆品,且至少在评价前 60 min 避免接触香烟及其他强烈味道或气味。手上不应留有洗涤剂的残留气味。应向候选评价员强调,如果他们将任何气味带入检测房间,检测可能无效。

(1)正确的样品评价步骤

培训计划开始时,应教会候选评价员评价样品的正确方法。开展某项评价任务之前要充分学习规程,并在分析中始终遵守。样品的测试温度应明确说明,除非被告知关注特定属性,候选评价员通常应按下列次序检验特性:色泽和外观、气味、质地、风味(包括气味和味道)和余味。

评价气体时,评价员闻气味的时间不要太长,次数不宜过多,以免嗅觉混乱和疲劳。对固体和液体样品,应预先告知评价员样品的大小(口腔检测)、样品在口内停留的大致时间咀嚼的次数以及是否吞咽。另外告知如何适当地漱口以及两次评价间的时间间隔,最终达成一致意见的所有步骤应明确表述,以保证感官评价员评价产品的方法一致。样品间的评价间隔时间要充足,以保证感觉的恢复,但要避免间隔时间过长以免失去辨别能力。

(2)味道与气味的正确区分

匹配、识别、成对比较、三点和二-三点检验应被用来展示高、低浓度的味道,并且培训候选评价员去正确识别和描述它们。采用相同的方法,提高评价员对各种气体刺激物的敏感性,刺激物最初仅给出水溶液,在有一定经验后可以用实际的食品或饮料代替,也可用两种或多种成分按不同比例混合的样品。用于培训和测试的样品应有其固定的特性、类型和质量,并具有市场代表性。提供的样品数量和所处温度一般要与交易或使用时相符,为了说明特别好、不完整或有缺陷时可以有例外。

(3)标度的使用

按样品某一特性的强度,用单一气味、单一味道和单一质地的刺激物的初始等级系列,给评价员介绍等级、分类、间隔和比例标度的概念。使用各种评估过程给样品赋予有意义的量值。

(4)开发和使用描述词

通过提供一系列简单样品给评价组并要求开发描述其感官特性的术语,特别是那些能将样品区别的术语,向评价小组成员介绍剖面的概念。术语应由个人提出,然后通过研究讨论产生一个至少包括 10 个术语且一致同意的术语表。此表可用于生成产品的剖面图,首先将适宜的术语用于每个样品,然后用各种类型的标度对其强度打分。组织者将用这些结果生成产品的剖面图。

(5)特点样品知识与实践

针对与待评价样品相近的某一大类,进行原辅料、加工工艺、成品和贮藏中的基本知识和质量特征的培训,并不断实践积累经验。

3.3.5 评价人员的考核

选择一些最适合做某一特定方法评价的成员作为候选人,再从这些人员中筛选部分评价员组成特定方法评价小组,每个特定方法需要的评价员数量至少要达到国标要求,如果候选人的数量比评价小组人数略多,应从可用评价员中挑选最佳的评价员,而不仅限于符合预定标准的人。适合某种特定方法评价的候选人,未必适合其他方法的评价,而被某种特定方法评价排除的候选人,不一定不适合其他评价。

(1)差异评价

通过重复检验实际物品来选择组成评价小组的成员,如果评价小组需要测试某种特别的性状，也可逐渐降低样品的浓度，以其识别较低浓度样品的能力作为挑选评价人的依据。

(2)排序评价

通过重复检验实际物品来选择组成评价小组的成员，挑选出的评价人员应具备对样品进行正确排序的能力，并能持续完成任务，淘汰完成任务比较差的人选。

(3)评级和打分

安排评价员对随机提供的6种不同样品（每种3个）进行评价，必要时可以组织一次以上的讨论会，将结果记录于表中。评价员之间差异显著表明存在偏好，如一个或多个评价员给的分数始终比其他人高或低；样品间差异显著，表明作为一个组的评价员区别样品是成功的；评价员/样品交互作用差异显著表明两个或多个评价员在两个或多个样品之间有不一致的感觉；某些情况下，评价员/样品交互作用甚至可能反映出样品的排序不一致。方差分析适用于打分，但不适用于某些类型的评级，如果用于评级，要格外慎重。

(4)定性描述分析

不提倡使用上述方法以外的专门挑选方法进行定性描述评价，评价员在不同测试中的表现是筛选的依据。

(5)定量描述分析

如果提供有对照样品或参考样品，就应检验候选人识别和描述样品的能力，不能正确识别或充分描述70%对照样品的评价员应认为不适合做此种类型检验，评价员按照规定的评分表和词汇评价约6个样品，样品应按一定次序一式三份提供，每个评价员每个描述应经过多元分析方法分析。

(6)特殊评价的评价员

尽管是选拔出的最优秀的候选人，感官评价员的表现也可能会有波动。对描述分析而言，在系统的测试之后和复杂的数据统计检验之前，筛选表现较好的评价员或将评价员分成几个分组，可采用“评级和打分”所用的方法。

3.3.6 评价小组的建立与维护

评价小组表现的评估与上述评价员考核的着眼点不同。评价员考核是为了根据不同的用途筛选出适用的评价员，而一旦建立起评价小组后，关注的就是小组或评价员所应具有的感官评价能力，主要从重复性、再现性和一致性三个方面评估感官评价的信度和效度。

(1)重复性

重复性是指同一评价员或评价小组在相同的时间和环境下,对同一样品感官评价结果的离散情况。

(2)再现性

再现性是指不同条件下,对同一样品感官评价结果的离散情况,包括:同一评价小组短期内结果的重现(同一样品不同天的重复评定);同一评价小组中长期内结果的重现(同样品不同月的重复评价);不同评价小组在同一实验室或不同实验室的结果重现。

(3)一致性

一致性是指评价员个人与评价小组评价结果的一致性,以及评价员或评价小组结果与真值的一致性。在感官评价中,真值可以为理论值(如排序法中的理论排序)或最优估计值(针对标准样品,由多位评价员或评价小组建立的特性测量值,通常为小组平均值)。

(4)评价员的淘汰和补充

评价员考查结束后,分析不合格评价员的状态。如果由于暂时原因导致不合格则留用观察;如果因评价员个人态度、生活因素或者感官问题等造成无法胜任评价工作,则应予淘汰。因淘汰评价员造成评价小组人数不足时需要及时补充,补充的过程依据评价员的筛选、培训及考核的过程进行。

(5)评价员的再培训

如果在考查或实验中发现评价员的能力有所下降,则需要对评价员进行再培训,以保持或提高其评价能力。如果需要对评价员进行专业训练或者产品训练,则要组织专项培训对评价员进行再培训。

3.4 感官评价的基本流程

一次卓有成效的感官评价不仅需要有前文所述的主客观条件的保障,而且要在科学合理的组织和管理下进行。食品感官评价应在专人组织指导下按照一定的程序进行。组织者必须具有较高的感官识别能力和专业知识水平,熟悉多种实验方法,并能根据实际情况合理地选择实验方法和设计实验方案。根据实验目的的不同,组织者可组织不同的感官评价小组。通常感官评价小组有生产厂家组织、实验室组织、协作会议组织及地区性和全国性产品评优组织等多种形式。

(1)问题的确定

问题的确定是第一步,也是进行后续步骤的前提和依据,比如方法的选择、评价小组的建立和实验设计都要根据所要解决的问题(检验的目的)来确定。不同的检验目的需用相应的实验方法,才能获得预期结果,因此方法选择合理与否,对感官评价的结果至关重要。建立评价小组则包括小组成员的初选、筛选与培训等相关步骤,还包括评价小组的维持与更新。实验设计主要是指如何将多个样品均衡分配给每个/每组评价员进行评价。检验建立是指样品的制备方法与呈送时的具体操作条件。投票表决主要是针对前期也完成的步骤征求相关人员的意见和建议,若大多数人认为前述步骤合理,则可进入下一步骤;若不合理,则应返回到相应的前述步骤重新开始实验流程。

(2)方法的选择

感官评价方法的选择主要取决于项目所要解决的问题(检验目的)。一般来说感官评价的目的无外乎3种,即评估分析对象的消费者可接受性、判断样品间是否有差异或分析样品间差异的本质。上述3种目的,也构成了整个感官评价的应用范畴。不同目的需要用对应的不同方法解决,因此在确定解决的问题之后,可参考不同的方法目的进行方法的选择。

(3)感官评价小组的建立和维持

在确定感官评价方法之后,就要根据评价方法建立感官评价小组。对候选评价员进行的分析技术和分析方法的培训,可以与待测样品结合进行,这样既熟悉了分析技术与方法,也熟悉了待测样品。另外,为保证正式实验中数据的可靠性,在项目实施的同时还应对每个评价员进行再考核,再考核合格的,保留其评价数据,再考核不合格的,舍弃其评价数据,同时要重新选拔培训新的评价员替换不合格的评价员,以保证后续评价工作的顺利进行。

(4)实验设计

当要确定对评价小组的要求时,就要同时确定实验设计。实验设计时,通常要考虑的核心问题是确定观察的次数(或称为参加人数,重复观察数),比如:是否要求所有评价小组成员对所有产品进行评价?是否需要或希望对重复样进行多次小组会议评价?如何将处理的变量和每个变量的具体水平分配到评价小组的各个成员或小组中?在确定上述问题时,应重点考虑检验的强度及灵敏度,兼顾检验时间和材料的限制。因此,需要在实验实施前考虑完善,以保证其结果能够解决最初确定的问题,如果设计比较复杂或者涉及许多独立变量,则有必要有统计专家参与。

(5)确定检验条件

实验设计之后则需要确定检验条件建立的相关问题,如样品编号的分配、操作条件确定样品处理以及对灯光等具体检验必需的设备的调节等问题。在此阶段,除了拟定实验准备指导意见,给实验准备技术人员提供参考外,缩减成员也十分重要。此外,设备安排、供应措施、评价小组成员奖励机制和雇佣额外或临时人员等后勤工作都是此阶段需要考虑的细节问题。

(6)测量标度/标准的确定

作为设定问题的一部分,必须对每个问题的测量标准或标度加以选择。一般来说,简单的分类测量标准对消费者而言是容易理解的,当刺激较强或引起强烈情感反应(比如很苦的感觉)时,开放式标准(如大致估计)则比较有效。此外,还要考虑类项或刻度标尺所需的对照样的使用以及最终基准词语的选择。对单项限选问题,则要检查选项是否互斥或互补,换言之,选项要覆盖所有的可能性并互相无重叠。此时,还需建立一个表格将选项进行数字化编码。开放式问题答案选项的编码可能要花费一些时间斟酌确定,对于相同含义的回答应保证同一编码,一般可以通过预检验的结果大概确定在开放式调查中出现的答案范围,然后再确定各答案的编码。此外,在此阶段检查评价员对每个项目的理解程度也很重要。

(7)实施与整理

最后可以依次实施实验、确定分析和表达方式、形成报表和归档实验结果。

第二部分

食品感官评价的方法与应用

4　食品感官评价的方法

4.1　概述

4.1.1　食品感官评价方法的分类

人们对食品的嗜好千差万别，即使是同一个人，也因其心理状态、生理状态及环境的变化，对同一种食品表现不一样的嗜好。因此，即使是专家所评价的结果，也不一定能代表大多数人的嗜好。食品感官评价主要研究如何从大多数食用者当中选择必要的人选（评价员），在一定的条件下对试样加以品评，并将结果填写在问答票（评分单）中，然后对回答结果进行统计分析来客观地评价食品的质量。因此，食品感官评价是建立在人的感官感觉基础上的统计分析法。随着科学技术的发展进步，这种集人体生理学、心理学、食品科学和统计学为一体的新学科日趋成熟完善，感官分析方法的应用也越来越广泛。目前常用于食品领域中的感官分析方法有数十种之多，按照应用的目的和方法的性质可以分为两大类。

（1）按照应用的目的分类

可分为分析型感官评价和嗜好型感官评价两类。在食品的开发、生产、管理和流通等环节中，应根据不同的要求，选择不同的感官评价类型。

分析型感官评价，即把人的感觉器官作为测定分析仪器，测定食品的特性或差别的方法。在分析型中，一种主要是描述产品，另一种是区分两种或多种产品，其中区分的内容有确定差别、确定差别的大小、确定差别的影响等。质量检查、产品评优等都属于分析型感官评价。例如，检验酒的杂味；判断用多少人造肉代替香肠中的动物肉，人们才能识别出它们之间的差别；评价各种食品的外观、香味、食感等特性。检查白酒过程中，一批产品的某种香料添加过多，导致风味改变，即使检测人员对此种风味情有独钟，仍然检测其为不合格，这类分析型感官评价主要依赖于检验者检验经验。分析型感官评价是通过感觉器官的感觉对食品的可接受性作出判断。因为感官评价不仅能直接对食品的感官性状作出判断，而且可察觉是否存在异常现象，并据此提出必要的理化检测和微生物检验项目，以便于食品质量的检测和控制。因此，为了降低个人感觉之间差异的影响，提高检测的重现性，以获得高精度的测定结果，必须注意评价基准的标准化、实验条件的规范化和评价员的素质。

嗜好型感官评价，即根据消费者的嗜好程度评价食品特性的方法。它以样品为工具，了解人的感官反应及倾向。这种评价必须用人的感官进行，完全以人为测定器，调查、研究质量特性对人的感觉、嗜好状态的影响程度。这种检验的主要问题是如何能客观地评价不同检验人员的感觉状态及嗜好的分布倾向。嗜好型感官评价不像分析型那样需要统一的评价标准和条件，而是依赖人们生理和心理上的综合感觉，即人的感觉程度和主观判断起着决定性作用。分析的结果受到生活环境、生活习惯、审美观点等多方面的因素影响，因此其结果往往是因人、因时、因地而不同。例如，一种辣味食品在具有不同饮食习惯的群体中进行调查，所获得的结论肯定有差异，但这种差异并非说明群体之间感官评价能力的好坏，只是说明不同群体的不同饮食习惯，或者某个群体更偏爱于某种口味的食品。因此，嗜好型感官评价完全是一种主观的行为。

分清感官评价的作用，是利用人的感觉测定物质的特性（分析型），还是通过物质来测定人们的嗜好程度（嗜好型），这是设计感官评价试验的出发点。在研究两种冰激凌时，如果要研究二者的差别，就可以把冰激凌溶解或用水稀释，应在最容易检查出其差别的条件下进行检验；但如果要研究哪种冰激凌受消费者欢迎，通常必须在可食的状态下进行检验。

（2）按照方法的性质分类

①差别检验。

差别检验要求评价员评价两个或两个以上的样品中是否存在感官差异（或偏爱其一），是感官评价中经常使用的方法之一。这种方法是让评价员回答两种样品之间是否存在不同，一般不允许“无差异”的回答，即评价员未能觉察出样品之间的差异。差别检验的结果分析是以每一类别的评价员数量为基础的。例如有多少人回答样品 A，多少人回答样品 B，多少人回答正确。结果的解释基于频率和比率的统计学原理，根据能够正确挑选出产品差别的评价员的比率来推算出两种产品间是否存在差异。差别检验包括以下几种具体检验方法：

a. 成对比较检验法：

以随机顺序同时出示两个样品给评价员，要求评价员对这两个样品进行比较，判定整个样品或者某些特征强度顺序的一种评价方法称为成对比较检验法或者两点检验法。成对比较实验有两种形式,一种叫差别成对比较法(双边检验),也叫简单差别实验和异同实验;另一种叫定向成对比较法(单边检验)。决定采取哪种形式的检验,取决于研究的目的。如果感官评价员已经知道两种产品在某一特定感官属性上存在差别,那么就应采用定向成对比较实验。如果感官评价员不知道样品间何种感官属性不同,那么就应采用差别成对比较实验。

b. 二-三点检验法:

先提供给评价员一个对照样品,然后提供两个样品,其中一个与对照样品相同或者相似,要求评价员在熟悉对照样品后,从后者提供的两个样品中挑选出与对照样品相同的样品。二-三点检验的目的是区别两个同类样品是否存在感官差异,但不能被检验指明差异的方向,即感官评价员只能知道样品可觉察到差别,而不知道样品在何种性质上存在差别。

c. 三点检验法:

差别检验当中最常用的一种方法,同时提供三个编码样品,其中有两个是相同的,另外一个样品与其他两个不同,要求评价员挑选出其中不同于其他两个样品的检验方法,也称为三角实验法。三点检验法可使感官专业人员确定两个样品间是否有可觉察的差别,但不能表明差别的方向。三点检验法常被应用在以下几个方面:确定产品的差异是否来自成分、工艺、包装和贮存期的改变;确定两种产品之间是否存在整体差异;筛选和培训检验人员,以锻炼其发现产品差别的能力。

d. "A"-"非 A"检验法:

在感官评价人员先熟悉样品"A"以后,再将一系列样品呈送给这些检验人员,样品中有"A",也有"非 A",要求参评人员对每个样品做出判断,哪些是"A",哪些是"非 A"。这种是与否的检验法,也称为单项刺激检验。此实验适用于确定原料、加工、处理、包装和贮存等各环节的不同所造成的两种产品之间存在的细微的感官差别,特别适用于检验具有不同外观或后味样品的差异检验,也适用于确定评价员对产品某一种特性的灵敏性。

e. 五中取二检验法:

同时提供给评价员五个以随机顺序排列的样品,其中两个是同一类型,另三个是另一种类型。要求评价员将这些样品按类型分成两组的一种检验方法称为五中取二检验法。该方法在测定上更为经济,统计学上更具有可靠性,但在评价过程中易出现感官疲劳。

②排列检验。

排列检验法主要包括排序检验法和分类试验法：

a. 排序检验法：

比较数个样品，按照其某项品质程度（如某特性的强度或嗜好程度等）的大小进行排序的方法，称为排序检验法。该法只排出样品的次序，表明样品之间的相对大小、强弱、好坏等，属于程度上的差异，而不评价样品间的差异大小。此法的优点是可利用同一样品，对其各类特征进行检验并排出优劣，方法较简单且结果可靠，即使样品间差别很小，也能在相当精确的程度上排出顺序。当实验目的是就某一项性质对多个产品进行比较时，比如，甜度、新鲜程度等，使用排序检验法是最简单的方法。排序法比任何其他方法更节省时间。通常用于以下判断：确定由于不同原料、加工、处理、包装和贮存等各环节而造成的产品感官特性差异；当样品需要为下一步的实验预筛或预分类，即对样品进行更精细的感官评价之前；对消费者或市场经营者订购的产品的可接受性调查；企业产品的精选过程；评价员的选择和培训。

b. 分类试验法：

评价员评价样品后，划出样品应属的预先定义的类别。它是先由专家根据某样品的一个或多个特征，确定出样品的质量或其他特征类别，再将样品归纳入相应类别的方法或等级的办法。此法是使样品按照已有的类别划分，可在任何一种检验方法的基础上进行。

③分级试验。

分级试验是以某个级数值来描述食品的属性。在排列实验中，两个样品之间必须存在先后顺序，而在分级实验中，两个样品可能属于同一级数，也可能属于不同级数，而且它们之间的级数差别可大可小。

a. 评分法：

按预先设定的评价基准，对试样的特性和嗜好程度以数字标度进行评价，然后换算成得分的一种评价方法。在评分法中，所有的数字标度为等距或比率标度，如 1~10，-3~3 级（7 级）等数值尺度。该方法不同于其他方法的是所谓的绝对性判断，即根据评价员各自的评价基准进行判断。它出现的粗糙评分现象可由增加评价员人数的方法来克服。由于此方法可同时评价一种或多种产品的一个或多个指标的强度及其差异，所以应用较为广泛。尤其用于评价新产品。

b. 成对比较法：

当试样数 n 很大时，一次把所有的试样进行比较是困难的。此时，一般采用

将 n 个试样两个一组地加以比较，根据结果对整体进行综合性的相对评价，判断全体的优劣，从而得出数个样品相对结果的评价方法，这种方法称为成对比较法。本法的优点很多，如在顺序法中出现样品的制备及实验实施过程中的困难等，大部分都可以得到解决，并且在实验时间上，长达数日进行也无妨。因此，本法是目前应用最广泛的方法之一。

c. 加权评分法：

评分法实际上没有考虑到食品各项指标的重要程度，从而对产品总体的评价结果造成一定程度的偏差。事实上，对同一种食品，由于各项指标对其质量的影响程度不同，它们之间的关系不完全是平权的，因此需要考虑它的权重。所谓加权评分法是考虑各项指标对质量的权重后求平均分数或总分的方法。加权评分法一般以 10 分或 100 分为满分进行评价。加权平均法比评分法更加客观、公正，因此可以对产品的质量做出更加准确的评价结果。

d. 模糊数学法：

在加权评分法中，仅用一个平均数很难确切地表示某一指标应得的分数，这样使结果存在误差。如果评价的样品是两个或两个以上，最后的加权平均数出现相同而又需要排列出它们的各项时，现行的加权评分法就很难解决。如果采用模糊数学关系的方法来处理评价的结果，不仅可以解决以上的问题，而且它综合考虑到所有的因素，可获得综合且较客观的结果。模糊数学法是在加权评分法的基础上，应用模糊数学中的模糊关系对食品感官评价的结果进行综合评判的方法。

④描述性分析检验。

描述性分析检验可适用于一个或多个样品，以便同时定性和定量地表示一个或多个感官指标，如外观、嗅闻的气味特性、口中的风味特性（味觉、嗅觉及口腔的冷、热、收敛等知觉和余味）、组织特性和几何特性等。因此，它要求评价员除具备感知食品品质特性和次序的能力外，还要求具备描述食品品质特性的专有名词的定义，其在食品中的实质含义的能力，以及总体印象或总体风味特性和总体差异分析能力。

a. 简单描述分析：

要求评价员对样品特征的某个指标或各个指标进行定性描述，尽量完整地描述出样品的品质。描述的方式通常有自由式描述和界定式描述，前者由评价员自由选择自己认为合适的词汇，对样品的特性进行描述，而后者则是首先提供指标检查表，或是评价某类产品时的一组专用术语，由评价员选用其中合适的指标或术语对产品的特性进行描述。

b. 定量描述和感官剖面法：

要求评价员尽量完整地对形成样品感官特征的各个指标强度进行描述的检验方法称为定量描述检验。这种检验可以使用简单描述实验所选择的术语词汇，描述样品整个感官印象的定量分析。这种方法可单独或结合地用于评价气味、风味、外观和质地。

4.1.2 食品感官评价中的标度

在食品的感官评价中，主要利用人的五官感觉来测定食品感官质量特征。标度就是将人的感觉、态度或喜好等用特定的数值表示出来的一种方法。这些数值可以是图形，可以是描述的语言，也可以是数字。标度的基础是感觉强度的心理物理学，由于物理刺激量或食品理化成分的变化会导致评价员在味觉、视觉、嗅觉等方面的感觉发生变化，在感官评价检验中要求评价员能够利用标度的方法来跟踪这些感觉上的变化，给出标度数值。由于食品感官质量的复杂性、改变产品配方或工艺对产品感官质量的影响可能是多方面的，由此产生的感觉变化也十分复杂，对这种复杂的感觉变化进行标度很困难或容易失真，因此需选用合适的方法进行标度。

(1)标度的分类

目前比较实用的标度有名义标度、序级标度、等距标度和比率标度 4 种。

①名义标度。

用数字对某类产品进行标记的一种方法。只是一个虚拟的变量，并不能反映其顺序特征，仅仅作为便于记忆或处理的标记。如在统计中将产品的类别用数字进行编码处理，1 代表肉制品，2 代表乳制品，3 代表粮油制品等。这里数字仅仅是用于分析的一个标记、类型，利用这一标度进行各单项间的比较可以说明它们是否属于同一类别，而无法比较关于顺序、强度、比率或差异的大小。

②序级标度。

对产品的一些特性、品质或观点标示顺序的一种标度方法。在这种标度中，数值表示的是感官感觉的数量或强度，如可以用数字对饮料的甜度、适口性进行排序，或对某种食品的喜好程度进行排序。但使用序级标度得到的数据并不能说明产品间的相对差别。如对 4 种饮料的甜度进行排序后，排在第四位的产品甜度并不一定是排第一位的 1/4 或 4 倍，各序列之间的差别也不一定相同，因此不能确定感觉到差别的程度，也不能确定差别的大小等，只能确定各样品在某一特性上的名次。序级标度常用于偏爱检验中，很多数值标度中产生的数据是序级数据，在这些标度方法中，选项间的间距在主观上并不相等。

③等距标度。

反映的是主观间距相等的标度，得到的标度数值表示的是实际的差别程度，其差别程度是可比较的。在所有的感官检验中很少有完全满足等距标度的标度方法，通常的快感标度可以认为是等距标度。等距标度的优点是可以采用参数分析法如方差分析、t 检验等对评价结果进行分析解释，通过检验不仅可以判断样品的好坏，而且能比较样品间差异的大小。

④比率标度。

采用相对的比例对感官感觉到的强度进行标度的方法。这种方法假设主观的刺激强度（感觉）和数值之间是一种线性关系，如一种产品的甜度数据是 10，则 2 倍甜度的产品的甜度数值就是 20。在实际应用中由于标度过程中容易产生前后效应和数值使用上的偏见，这种线性关系就会受到很大的影响。通常，比率数值反映了待评样品和参比样品 R 之间感觉强度的比率。例如如果给参比样品 R 20 分，感觉到编号为 375 的橙汁酸度是样品 R 的 3 倍，则给其橙汁 60 分，若编号为 658 的橙汁酸度比样品 R 弱 5 倍，则给这种橙汁 4 分。

（2）标度常用的方法

在食品感官评价领域常用的标度方法有 3 种。第一种是最古老也是最常用的标度方法即类项标度，评价员根据特定而有限的反应，将觉察到的感官刺激用数值表示出来；第二种是线性标度法，评价员在一条线上做标记来评价感觉强度或喜好程度；第三种是量值估计法，评价员可对感觉用任何数值来反映其比率。

①类项标度。

提供一组不连续的反应选项来表示感官强度的升高或偏爱程度的增加，评价员根据感觉到的强度或对样品的偏爱程度选择相应的选项。这种标度方法与线性标度的差别在于评价员的选择受到很大的限制。在实际应用中，典型的类项标度一般提供 7~15 个选项，选项的数量取决于感官评价试验的需要和评价员的训练程度及经验，随着评价经验的增加或训练程度的提高，对强度水平可感知差别的分辨能力会得到提高，选项的数量也可适当增加，这样有利于提高试验的准确性。常见的类项标度有整数标度、语言类标度、端点标示的 15 点方格标度、相对于参照的类项标度、整体差异类项标度和快感标度等。

a. 整数标度：

用 1 到 9 的整数来表示感觉强度，如：

强度 1　2　3　4　5　6　7　8　9

弱　　　　　　　　　　　　　强

b. 语言类标度：

用特定的语言来表示产品中异味、氧化味、腐败味等感官质量的强度。如产品异味可用下列的语言类标度表示。如异味可以标度为：

无感觉、痕量、极微量、微量、少量、中等、一定量、强、很强。

c. 端点标示的 15 点方格标度：

用 15 个方格来标度产品感官强度，评价员评价样品后根据感觉到的强度在相应的位置进行标度。如饮料中的甜度可用下列的标度进行标示：

甜味 □ □ □ □ □ □ □ □ □ □ □ □ □ □ □

不甜　　　　　　　　　　　　　很甜

d. 相对于参照的类项标度：

在方格标度的基础上，中间用参照样品的感官强度进行标示，如：

甜度 □ □ □ □ □ □ □ □ □

弱　　　　参照　　　　强

e. 整体差异类项标度：

即先评价对照样品，然后再评价其他样品，并比较其感官强度与对照样品的差异大小。用下列标度表示与参照的差别：

无差别、差别极小、差别很小、差别中等、差别较大、差别极大

f. 快感标度：

在情感检验中通常要评价消费者对产品的喜好程度或者要比较不同样品风味的好坏，在这种情况下通常会采用 9 点快感标度（非常不喜欢—很不喜欢—不喜欢—不太喜欢——般—稍喜欢—喜欢—很喜欢—非常喜欢）。从 9 点标度中去掉非常不喜欢和非常喜欢就变为 7 点快感标度，在此基础上再去掉不太喜欢和稍喜欢就变成了 5 点快感标度。由于儿童很难用语言来表达感觉强度的大小，对其他的标度方法理解也很困难，因此研究人员就发明了利用儿童各种面部表情作为标度的方法。

②线性标度。

让评价员在一条线段上做标记以表示感官特性的强度或数量。这种标度方法有多种形式，大多数情况下只有在线的两端进行标示。但考虑到很多评价员不愿意使用标度的端点，为了避免末端效应，通常在线的两端缩进一点进行标记；也可以在线的中间标示，一种常见形式是标示出中间标准样品的感官值或标

度值，所需评价的产品根据此参考点进行标度。线性标度也可用于情感检验中的快感标度，两端分别标示喜欢或不喜欢，中间标示为一般。线性标度法在描述性分析和嗜好性检验中应用很广泛，应用时评价员要进行必要的培训，使评价员了解其标度的含义，从而使不同的评价员对标度判断标准达到一致。

③量值估计。

不受限制地应用数字来表示感觉的比率。在此过程中，评价员允许使用任意正数并按指令给出感觉定值，因此，数值间的比率反映了感觉强度大小的比率。如某种产品的甜度值是20，而另一种产品的甜度是它的2倍，那么后一种产品的甜度值应该是40。量值估计有两种基本形式：

a. 给评价员一个标准样品作为参照或基准，先给参照样品一个固定值，其他样品与参照样品相比而得到标示。其评价指令为：请评价第一个样品的甜度，这是一个参照样，其甜度值为"10"。请根据该参照样品来评价所有样品，并与参照样品的甜度进行比较，给出每个样品的甜度与参照样品甜度的比率。如某个样品的甜度是参照样品的2倍，则该样品的甜度为"20"，如果样品的甜度是参照样品的1/2，则该样品的甜度值为"5"，可以使用任意正数，包括分数和小数。

b. 不给标准样品，评价员可以选择任意数值来标度第一个样品，然后所有样品与第一个样品的强度进行比较而得到表示。评价指令为"请评价第一个样品的甜度，请根据该样品来评价其他样品，并与第一个样品的甜度进行比较，给出每个样品的甜度与第一个样品甜度的比率。如某个样品的甜度是第一个样品的1.5倍，则该样品的甜度值为第一个样品的1.5倍；如果样品的甜度是第一个样品的2倍，则样品的甜度值为第一个样品的2倍；如果样品的甜度是第一个样品的一半，则样品的甜度值为第一个样品的1/2。您可以使用任意正数，包括分数和小数。"

量值估计可应用于有经验、经过培训的评价小组，也可应用于普通消费者和儿童。与其他的标度方法相比，量值估计的数据变化范围大，尤其是评价员没有经过培训时的评价。如果在试验过程中允许评价员选择数字范围，则在对数据进行统计分析前有必要进行再标度，使每个评价员的数据落在一个正常的范围内。再标度的方法如下：计算每位评价员全部数据的几何平均值；计算所有评价员的总几何平均值；计算总平均值与每位评价员平均值比率，由此得到评价员的再标度因子；将每位评价员的数据与各自的再标度因子相乘，得到再标度后的数据，然后进行统计分析。详细内容参见《GB/T 19547—2004 感官分析 方法学 量值估计法》。

4.2 差别检验

差别检验(difference test)是食品感官评价中常用的方法,要求评价员评价两个或两个以上样品是否存在感官差异或存在差异大小的检验方法,特别适用于容易混淆产品的感官性质分析。但如果样品间的差别非常大以至于很明显,则差别检验无效,当样品间的差别很微小时,差别检验有效。在差别检验中还需注意样品外表、形态、温度和数量等明显差别所引起的误差。目前,差别检验主要有成对比较检验、三点检验、二-三点检验、五中取二检验、"A"-"非 A"检验方法。差别检验广泛用于食品配方设计、产品优化、成本降低、质量控制、包装研究、货架寿命、原料选择等方面的感官评价。

对于差别检验,一般不允许出现"无差异"的回答(即强迫选择),即当评价员未能觉察出样品之间的差异时,鼓励评价员猜一答案做出选择。如果出现"无差异"的回答,可采用以下方法处理:忽略"无差异"的回答,即由总评价数中减去"无差异"回答的评价数;将"无差异"结果分配到其他类的回答中进行统计。差别检验的结果分析以每类别评价员人数为基础。如有多少人回答选择样品 A,多少人回答选择样品 B,多少人回答正确。所以,需运用统计学中的二项分布参数来检验并解释结果。

差别检验的应用很广。有些情况下,研究者的目的在于确定两种样品是否不同。而另一些情况下,研究者的目的是区分两种样品是否相似,以致达到可以互相替换的程度。以上这两种情况可通过选择合适的试验敏感参数,如 α、β 、P_d 来检验差别和相似性。

在统计学上,假设检验也称显著性检验,它是事先作出一个总体指标是否等于某一个数值或某一随机变量是否服从某种概率分布的假设,然后利用样本资料采用一定的统计方法计算出有关的统计量,依据一定的概率原则,用较小的风险来判断假设总体与现实总体是否存在显著差异、是否应当接受或拒绝原假设选择的一种检验办法。假设检验依据样本提供的信息进行判断,也就是由部分来推断总体,因而不可能绝对准确。若原假设为真却被我们拒绝,否定了未知的真实情况,把真当成假,称为第Ⅰ类错误;若原假设为假却被我们接受,接受了未知的不真实状态,称为第Ⅱ类错误。

α ,也叫 α -风险,它的定义是错误估计两者之间的差异存在可能性,当感官差别不存在时推断感官差别存在的概率,也叫第Ⅰ类错误、显著性水平或假阳性率；β，也叫 β-风险，它的定义是错误估计两者之间的差异不存在（即相似）的可能性，当感官差别存在时推断感官差别不存在的概率，也叫第Ⅱ类错误或假阴性率；P_d（proportion of distinguisher），是指能分辨出差异的人数的比例。

差别检验的目的不同，需要考虑的试验敏感参数也不同。在以寻找差异为目的的差别检验中，只需要考虑 α 值，而 β 值和 P_d 值通常不需要考虑。在以寻找相似性为目的的差别试验中，试验者要考虑合适的 P_d 值，然后确定一个较小的 β 值，α 值可以大一些。而某些情况下，试验者要综合考虑 α、β、P_d 值，这些才能保证参与评定的人数在可能的范围之内。在统计学上，α、β、P_d 值的范围意义可在检测方法配套的统计表格中予以查询。

差别检验程序通常包括以下环节：

①实施检验前准备工作表和评分表。

②连续或同时呈送一组样品。如可能，向每个评价员按同样的空间排列，同时提供每组样品（如同一排通常是从左到右取样），在一组样品内，通常允许评价员按其需要对每个样品进行重复评价（当产品的特性允许重复评价）。

③每张评分表仅用于一组样品。如果在一场检验中一个评价员进行一次以上的检验，在呈送后续的样品之前，应收走填好的评分表和未使用的样品。评价员不应取回先前的样品或更改先前的检验结论。

④评价员作出选择后，不要问其有关偏好、接受或差别程度的问题。任何附加问题的答案可能影响评价员作出选择。这些问题的答案可通过独立的偏爱、接受、差别程度检验等获得（GB/T 10220—2012 感官分析 方法学 总论）。询问为何作出选择的陈述部分可包含评价员的陈述。

⑤差别检验是强迫选择程序，不允许评价员回答“无差别”。当评价员无法判断出差别时应要求评价员随机选择一个样品，并且在评分表的陈述栏中注明，该选择仅是猜测。

4.2.1 成对比较检验法

以随机的顺序同时出示两个样品给评价员，要求评价员对这两个样品进行比较，判定整个样品或者某些特征强度顺序的一种评价方法，称为成对比较检验法（paired comparison test）或者两点检验法。用于确定两个产品的样品间感官特性强度是否存在可感觉到的感官差别或相似，即可以看成有无差别或是否相似的检验。因为仅涉及两个产品，成对比较检验实际上是二选一的强迫选择检验。评价员接收一组两个样品（成对），指出被考察特性最强的样品，样品可能是对照样。对每个样品被选择的次数进行计数,检验完成前,应先确定随后的统计检验是单边还是双边。

成对比较检验法的用途有以下几种情形:确定是否存在感觉差别(成对差别检验);确定是否不存在感觉差别(成对相似检验),如当配料、工艺、包装、处理或贮藏改进时;优选、培训或者考核评价员的能力;依据消费者检验的背景资料,比较对两种产品的偏爱程度。与其他差别检验相比,成对比较检验的优点是简单且不易产生感官疲劳,缺点是当比较的样品数增加时,需要比较的数目迅速增大,以至于不具有可行性。

(1)成对比较检验法的两种方法

①定向成对比较法,采用单边检验。在定向成对比较试验中,受试者每次得到两个(一对)样品,组织者要求回答这些样品在某特性方面是否存在差异,如甜度、酸度、色度、易碎度等。两个样品同时呈送给评价员,要求评价员识别出在这一指定感官属性上程度较高的样品。其特点和注意事项如下:

a. 试验中,样品有两种可能的呈送顺序(AB、BA),且呈送顺序应该具有随机性,评价员先收到样品 A 或样品 B 的概率应相等。

b. 评价员必须清楚地理解感官专业人员所指定的特定属性的含义。评价员不仅应在识别指定的感官属性方面受过专门训练,而且在如何执行评分单所描述的任务方面也应受过训练。

c. 该检验是单向的。定向成对比较检验的对立假设是,如果感官评价员能够根据指定的感官属性区别样品,那么在指定方面程度较高的样品,由于高于另一样品,因此被选择的概率较高。该检验结果可给出样品间指定属性存在差别的方向。

d. 感官专业人员必须保证两个样品只在单一的所指定的感官方面有所不同,否则此检验法不适用。例如,增加蛋糕中的加糖量,会使蛋糕变得比较甜,但同时会改变蛋糕的色泽和质地。在这种情况下,定向成对比较法并不是一种很好的区别检验方法。

e. 低于 $n/2$ 的最大正确答案数不能推断出结论。

②差别成对比较法,采用双边检验。评价员每次得到两个(一对)样品,被要求回答样品是相同还是不同。在呈送给评价员的样品中,相同和不相同的样品数是一样的。通过比较观察的频率和期望的频率,根据 χ^2 分布检验分析结果。其特点和注意事项如下:

a. 差别成对比较试验中,样品有 4 种可能的呈送顺序(AA、BB、AB、BA)。这些顺序应在评价员中交叉进行随机处理,每种顺序出现的次数相同。

b. 评价员的任务是比较两个样品,并判断它们是相同还是相似。这种工作较易进行。评价员只需熟悉评价的感官特性,可以理解评分单中所描述的任务,不需要接受评价特定感官属性的训练。一般要求 20~50 名评价员来进行试验,最多可以用 200 人,或者 100 人。评价员要么都接受过培训,要么都没接受过培训,但在同一个试验中,评价员不能既有受过培训的,也有没受过培训的。

c. 该检验是双边的。差别成对比较检验的对立假设规定,样品之间可察觉出不同,而且评价员可正确指出样品间是相同或不相同的概率大于 50%。此检验只表明评价员可辨别两种样品,并不表明某种感官属性方向性的差别。

d. 当试验的目的是要确定产品之间是否存在感官上的差异时,而产品由于供应不足而不能同时呈送两个或多个样品时,选取此试验较好。

(2)成对比较检验法的流程

成对比较检验试验比较简单,即使没有受过培训的人也可以参加,但作为评价员必须熟悉所要评价的感官属性。如果试验特别重要,需要针对某个特殊感官属性进行评价,就需要对评价员进行必要的培训、筛选,以确保评价员对要评价的属性特别敏感。经过筛选的评价员最少应该有 20 人,如果是未受过培训的人员,则应该更多。此外,进行感官评价的人数应该满足国家标准《GB/T 12310—2012 感官分析方法 成对比较检验》中的要求。

成对比较检验时,在条件允许的情况下,尽可能同时呈送两个样品,而且样品排序 AB、BA 的数量要相等,各个评价员得到哪个样品是随机的。所有呈送的样品均用 3 个数字组成的三位随机数字给予编码。

成对比较差异检验的统计分析采用二项分布进行检验。统计回答正确的人数χ,在规定的显著水平下查临界值$\chi_{\alpha,n}$,比较、作出推断。如果$\chi \geqslant \chi_{\alpha,n}$,表明两个样品在 α 水平上感官性质有显著差异。否则,两个样品没有显著差异。成对比较检验所需最少正确答案数和评价数详见《GB/T 12310—2012 感官分析方法 成对比较检验》。

在进行成对比较检验时,需要明确两个问题,即进行单边检验还是双边检验?进行差别检验还是相似检验?根据检验的不同需要进行的实验设计和统计分析亦有所不同。在《GB/T 12310—2012 感官分析方法 成对比较检验》中给出了四个典型案例(确定两个产品间特性强度差别存在的单边成对检验,根据给定特性确定两个样品是否相似的单边成对检验,确定两个产品间特性强度差别存在的双边成对检验,根据给定特性确定两个样品是否相似的双边成对检验),

可作为进行成对比较检验的参考。

4.2.2 三点检验法

三点检验法(triangle test)是差别检验当中最常用的一种方法,在检验中同时提供三个编码样品,其中有两个是相同的,另外一个样品与其他两个样品不同,要求评价员挑选出其中不同于其他两个样品的检验方法,也称为三角试验法。三点检验法可使感官评价人员确定两个样品间是否有可察觉的差别,但不能表明差别的方向。当加工原料、加工工艺、包装方式或贮藏条件发生变化时,为确定产品感官特征是否发生变化,三点检验是有效的检验方法。但对于刺激性强的产品,由于可能产生感官适应或滞留效应,不宜使用三点检验。三点检验经常在产品开发、工艺开发、产品匹配、质量控制等过程中使用,也可用于对评价员的筛选和培训。

在感官评价中,三点检验法主要用于两种产品的样品间差异分析,而且适合于样品间细微差别的鉴定,如品质管制和仿制产品。其差别可能与样品的所有特征或者某一特征有关。

检验前需准备好工作表和评分表,每次随机呈送给评价员 3 个样品,其中 2 个样品相同,1 个样品不同,并要求在所有的评价员间交叉平衡。为了使 A 产品和 B 产品的 6 种可能序列(ABB、AAB、ABA、BAA、BBA、BAB)出现的次数相等,6 组样品随机分发给评价员(即在第一组 6 个评价员中使用每个序列一次;在下一组 6 个评价员中再使用每个序列等)。当评价员人数不足 6 的倍数时,可舍去多余样品组,或向每个评价员提供 6 组样品做重复检验。

对三点检验的无差异假设规定:当样品间没有可察觉的差别时,作出正确选择的概率是 1/3。因此,在试验中此法的猜对率为 1/3,这要比成对比较法和二-三点检验法的 1/2 猜对率低。

所有评价员都应基本上具有同等的鉴别能力和水平,并且因食品的种类不同,评价员也应各具专业所长。选择评价员数,以达到检验所需的敏感性。大量评价员能提高检出产品间微小差别的可能性。但实际上,评价员的数量通常取决于实际条件(如实验周期、评价员的人数、产品数量)。检验差别时,评价员数通常为 24~30 人。检验相似时达到同样的敏感性则需要两倍的评价员。

三点检验法要求的技术较严格,每项检验的主持人都要亲自参与评价。为使检验取得理想的效果,主持人最好组织一次预备试验,以便熟悉可能出现的问题,以及先了解原料的情况。但要防止预备试验对后续的正规检验起诱导作用。

评价组的主持人只允许其小组出现以下两种结果。第一种,根据“强迫选择”的特殊要求,必须让评价员指明样品之一与另两个样品不同;第二种,根据实际,对于的确没有差别的样品,允许打上“无差别”字样。这两点在显著性测定表上查找差异水平时都要考虑到。

尽量避免同一评价员的重复评价。但是,如果需要重复评价以产生足够的评价总数,应尽量使每位评价员重复评价的次数相同。例如,如果只有 10 位评价员,为得到 30 次评价总数,应让每位评价员评价三组三联样。当检验相似时,将 10 个评价员做的三次评价作为 30 次独立评价是无效的。但是,检验差别时,即使进行重复评价也有效。

三点检验法比较复杂,即使是有经验的评价员也会感到困难。如当其中某一对被认为是相同的时候,也还得用另一样品的特征去证明。这样反复的互证,是看起来容易而做起来难的事情。为了判断正确,不能让评价员知道其排列的顺序。所以样品的排序者不能参加评价。

收集评价单,统计回答正确的评价员数,根据有效评价单查取三点检验时的正确回答临界值,比较判断两个产品间是否有显著性差异。根据试验确定的显著水平(一般取 0.05 或 0.01)和评价员的数量 n,可以查到相应的临界值$\chi_{\alpha,n}$,如果试验得到的正确回答人数$\chi \geqslant \chi_{\alpha,n}$,表明所比较的两个样品间在 α 显著水平上有显著差异。如果$\chi < \chi_{\alpha,n}$,则比较的两个样品间没有显著性差异。三点检验确定存在显著性差异所需要最少正确答案数,根据三点检验确定两个样品相似所需最大正确答案数,以及三点检验所需的评价员数的附表详见《GB/T 12311—2012 感官分析方法 三点检验》。

4.2.3 二-三点检验法

二-三点检验法(duo-trial test)也称一-二点检验法。评价员得到一组三个样品(即三联样),一个样品被标记为参比样,另外两个样品编码不同。告知评价员其中一个编码样品与参比样相同,一个与参比样不同。根据检验前的训练和指导,评价员应报告哪个编码样品与参比样相同,或哪个编码样品与参比样不同。二-三点检验法的目的是区别两个同类样品是否存在感官差异,但差异的方向不能被检验指明,即感官评价员只能知道样品可察觉到的差别,而不知道样品在何种性质上存在差别。

二-三点检验法适用于确定产品有感觉差别和无感觉差别两种情况,无感觉差别即相似性检验。例如,当配料、工艺、包装、处理或贮藏有一项改变时,此方法还可以用于优选、培训和检验评价员。二-三点检验法有两种形式:一种是恒定参比技术,另一种是平衡参比技术。用于评价员对一个产品熟悉时,即恒定参比技术;用于评价员对一个产品不比另一个产品更熟悉时,即平衡参比技术。二-三点检验法统计的有效性低于三点检验,但评价员较易实施。一般来说在平衡参比技术中,参加评价的人员可以没有专家,但要求人数较多,临时参与之人亦可参评。

此方法是常用的三点检验法的一种替代法。在样品相对地具有浓厚的味道、强烈的气味或者其他冲动效应时,会使人的敏感性受到抑制,这时才使用这种方法。该方法比较简单、容易理解,但从统计学来讲不如三点检验法具有说服力,精度较差(猜对率为 1/2),故此方法常用于风味较强、刺激较烈和产生余味持久的产品检验,以降低评价次数,避免味觉和嗅觉疲劳。另外,外观有明显差别的样品不适宜此法。

二-三点检验法也具有强制性。该试验中已经确定知道两个样品是不同的,这样,当两样品区别不大时,不必像三点检验法去猜测。然而,差异不大的情况依然存在。当区别的确不大时,评价员必须去猜测,哪一个是特别一些的,这样,他的正确答复的机会是一半。为了提高全组的准确性,二-三点检验法要求有 25 组样品。如果这项检验非常重要,样品组数应适当增加,在正常情况下,其组数一般不超过 50 个。在做品尝时要特别强调漱口。在样品的风味很强烈的情况下,在做第二试验之前,都必须彻底地洗漱口腔,不得有残留物和残留味的存在。做完自己的样品后,如果后面还有一批同类的样品检验,最好是稍微离开现场一定时间,或回到品尝室饮用一些白开水等净水。

本方法有恒定参比技术和平衡参比技术两种形式。若评价员熟悉产品(如来自生产线的控制样),使用恒定参比技术;若对于两个产品都不太熟悉,使用平衡参比技术。恒定参比技术,检验前准备工作表和评分表,使用数目相同的 A、B 两个产品两种可能的序列(A_RAB、A_RBA);在评价员之间两人一组随机分发样品(即在第一组两个评价员之间用一个序列,在下一组两个评价员中再使用这个序列等);若评价员总数是奇数时,会使结果的不平衡性降至最低。平衡参比技术,检验前准备工作表和评分表,使用数目相同的 A、B 两个产品四种可能的序列(A_RAB、A_RBA、B_RAB、B_RBA);系列中前两个组合含有产品 A(即 A_R)作为对照,后两个组合含有产品 B(即 B_R)作为对照。在评价员之间四人一组随机分发样品(即在第一组四个评价员之间用一个序列,在下一组四个评价员中再使用这个序列等)。

选择合适评价员数才能达到检验所需的敏感性。用大量评价员能提高检出产品间微小差别的可能性。但实际上,评价员的数量通常取决于实际条件,如实验周期、评价员的人数、产品数量。检验差别时,具有代表性的评价员数通常为32~36人;检验相似时,达到同样的敏感性则需要2倍的评价员。

尽量避免同一评价员的重复评价。但如果需要重复评价以产生足够的评价总数,应尽量使每位评价员重复评价的次数相同。例如,只有12位评价员,为得到36次评价总数,应让每位评价员评价三组三联样。当检验相似时,将12个评价员做的三次评价作为36次独立评价是无效的。但检验差别时,即使进行重复评价也是有效的。

当要求评价员选择与参比样相同样品或选择与参比样不同的样品时,应考虑常规评价小组是否使用了其他鉴别检验方法。许多鉴别检验方法,如三点检验,侧重于检验中鉴别"不寻常的"或"不同的"样品。要求评价员在一种方法中识别"不同"样品并在另一种方法中识别"相同"样品,这可能引起混淆并导致高概率的不正确答案。

统计正确选择的评价员人数。根据试验确定的显著水平 α,评价员数量 n,查找相应的临界值$\chi_{\alpha,n}$,如果试验得到的正确回答人数$\chi>\chi_{\alpha,n}$,表明比较的两个样品之间有显著差异。二-三点检验推断感官差别存在所需最少正确答案数,二-三点检验推断两个样品相似所需最大正确答案数,以及二-三点检验所需评价员数的附表详见《GB/T 17321—2012 感官分析方法 二-三点检验》。

4.2.4 "A"-"非A"检验法

在评价员熟悉了样品"A"的特征以后,再将一系列包含"A"与"非A"的样品呈送给评价员。要求评价员区分出哪些是"A",哪些是"非A"样品的检验方法被称为"A"-"非A"检验法("A"or"not A" test)。这种是与否的检验法,也称为单项刺激检验。在品尝前首先要让评价员反复熟悉对照样品"A",使其能清晰地体验并能识别,必要时可让评价员对"非A"也作体验,品尝开始后评价员不得再用样品"A"清晰自己的记忆。要以随机的顺序向评价员分发样品,使评价员不能从样品的提供方式中对样品的性质作出猜测。评价员按样品顺序评价,并将它们识别为"A"或"非A"。与前述的评价方式不同,"A"与"非A"检验法不要求样品"A"与"非A"的数量相同,但每个评价员品尝的样品数应相同。

"A"-"非A"检验是为了判断在两种样品之间是否存在感官差异,特别是三点检验或二-三点检验不适用时。例如,确定由于原料、加工、处理、包装和贮存等各环节的不同所造成的两种产品之间存在的细微的感官差别,适于用本方法;对于有着强烈后味的样品、需要进行表皮试验的样品及可能会从精神上混淆评价员判断的复杂性刺激的样品间进行对比时,适于用这种方法。当两种产品中的一种非常重要,可以作为标准产品或者参考产品,并且评价员非常熟悉该样品,或者其他样品都必须和当前的样品进行比较时,优先使用"A"-"非 A"试验,而不选择简单差异试验。"A"-"非 A"试验也适用于选择试验评价员。例如,一个评价员(或一组评价员)是否能够从其他甜味料中辨认出一种特别的甜味料。

此检验本质上是一种顺序成对差别检验或简单差别检验。评价员先评价第一个样品,然后再评价第二个样品,要求评价员指明这些样品感觉上是相同还是不同。此实验的结果只能表明评价员可察觉到样品的差异,但无法知道样品品质差异的方向。在"A"-"非 A"检验过程中,样品有 4 种可能的呈送顺序,如 AA、BB、AB、BA。这些顺序要能够在评价员之间交叉随机化。在呈送给评价员的样品中,分发给每个评价员的样品数应相同,但样品"A"的数目与样品"非 A"的数目不必相同。在每次试验中,每个样品要被呈送 20~50 次。每个评价员可以只接受一个样品;也可以接受两个样品,一个"A"、一个"非 A";还可以连续品评 10 个样品。每次评价的样品数量视评价员的生理疲劳和精神疲劳程度而定,受检验的样品数量不能太多,应以较多评价员人数来达到可靠的目的。

评价员必须经过训练,使之能够理解评分表所描述的任务,但不需要接受特定感官方面的评价训练。此检验通常需要 10~50 名评价员,他们要经过一定的训练,做到对样品"A"和"非 A"非常熟悉。不推荐使用对"非 A"样品不熟悉的评价员,这是因为对相关理论的缺乏会使得他们可能随意猜测,从而产生试验偏差。需要强调的一点是,参加检验评价的人员一定要对样品"A"和"非 A"非常熟悉,否则,没有标准或参照,结果将失去意义。

检验中,每次样品间应有适当的评价间隔,一般是相隔 2~5 min。评价员必须在试验开始前获得"A"和"非 A"样品。结果分析时,首先对评价表的结果进行统计并汇总,然后对结果进行分析。以 n_{11} 表示样品本身是"A",评价员也认为是"A"的回答总数;n_{22} 表示样品本身是"非 A",评价员也认为是"非 A"的回答总数;n_{21} 表示样品本身是"A",而评价员认为是"非 A"的回答总数,n_{12} 表示样品本身是"非 A",而评价员认为是"A"的回答总数。n_1、n_2 分别为 $n_{11}+n_{12}$ 和 $n_{21}+$

n_{22},$n_{.1}$、$n_{.2}$ 分别为 $n_{11}+n_{21}$ 和 $n_{12}+n_{22}$,n 为所有回答数,然后用χ^2 检验来进行解释。详细案例及过程可参见《GB/T 12316—1990 感官分析方法“A”-“非 A”检验》。

4.2.5 其他检验方法

(1)五中取二检验法

五中取二检验法(two out of five test),每个受试者得到 5 个以随机顺序排列的样品,其中 2 个是相同的,另外 3 个是相同的。要求受试者在品尝之后,挑出 2 个相同的产品。该方法在测定上更经济,统计学上更具有可靠性,但在评价过程中易出现感官疲劳。

该法可识别出两样品间的细微感官差异。从统计学上讲,在这个试验中单纯猜中的概率是 1/10,而不是三点试验的 1/3,二-三点检验的 1/2,所以,五中取二检验的功能更强大,统计上更具有可靠性。

该法的感官评价人数要求不高,通常只需 10 人左右或稍多一些。当样品之间的差异很大、非常容易辨别时,5 人也可以。当评价员人数少于 10 个时多用此方法。

由于要从 5 个样品中挑出 2 个相同的产品,这个试验受感官疲劳和记忆效果的影响较大,并且需用样品量大。故一般只用于视觉、听觉和触觉方面的试验,而不用于进行味道的检验。

在每次评价试验中,将试验样品按以下方式进行组合。如果参评人数低于 20 人,组合方式可以从以下组合中随机选取,但含有 3 个 A 和含有 3 个 B 的组合数要相同。

ABABA　AAABB　BABAB　BBBAA　ABBAB　BBABA　AABAB　BAABA
BAABB　BABBA　ABBAA　ABAAB　ABABB　ABBBA　BABAA　BAAAB
AABBB　BBAAB　AABBA　BBAAA

根据正确回答的人数,和$\chi_{\alpha,n}$ 比对得出结论,如果正确回答的人数大于$\chi_{\alpha,n}$,则表明具有显著区别。$\chi_{\alpha,n}$ 的计算方式同三点检验和二-三点检验关于临界值的计算。

(2)选择试验法

选择试验法是在三个以上的样品中,选择出一个最喜欢或最不喜欢的检验方法,常用于嗜好性调查。该方法试验简单易懂,不复杂,技术要求低,出示样品的顺序是随机的。但不适用于一些味道很浓或持续时间较长的样品,这种方法在做品尝时,要特别强调漱口。在做第二次试验之前,都必须彻底地洗漱口腔,不得有残留物和残留味的存在。对评价员没有硬性规定要求必须经过培训,一般在 5 人以上,多则 100 人以上。

通过选择试验法可以求出两个结果:其一是数个样品间是否存在差异;其二是多数人认为最好的样品与其他样品间是否存在差异。现分述如下。

①求数个样品间有无差异,根据检验判断结果,用如下公式求值:

$$x_0^2 = \sum_{i=0}^{m} \frac{(x_i - n/m)^2}{n/m}$$

式中,m 为样品数;n 为有效评价表数;x_i 为 m 个样品中最喜好其中某个样品的人数。

查χ^2 分布表,若上述结果大于等于表中数据,说明 m 个样品在 α 显著水平存在差异,若上述结果小于查表数值,说明 m 个样品在 α 显著水平不存在差异。

②求被多数人判断为最好的样品与其他样品间是否存在差异,根据检验判断结果,用如下公式求值:

$$x_0^2 =(x - n/m)^2 \frac{m^2}{(m - 1) n}$$

查χ^2 分布表,若上述结果小于表中数据,说明此样品与其他样品间在 α 显著水平存在差异,否则无差异。

(3)异同检验

在异同检验(same-difference test)中,评价员每次得到两个(一对)样品,要求评价后给出两个样品是“相同”还是“不同”的回答。在呈送给评价员的样品中,相同(AA、BB)和不同的(AB、BA)样品对数是相等的。为确保每个样品有相同的被评价次数,呈送样品中一半为相同样品,一半为两种不同样品。通过评价得到结果,比较观察的频率,作χ^2 检验。

试验的目的是要确定两个样品之间是否存在感官上的差异,在不能同时呈送更多样品的时候应用此法,即三点检验和二-三点检验都不宜应用,在比较一些味道很浓或持续时间较长(延迟效应)的样品时,通常使用此检验法。

对于 4 种组合(AA、BB、AB、BA)中的每一组合一般都要求有 20~50 名评价员进行试验,最多可以用 200 人,也可以 100 人评价两种组合,或者 50 人评价 4 种组合。如果刺激味复杂,则每次最多只能向每位评价员呈送一对样品。采用简单差异检验时,评价员要么都接受过培训,要么都没有接受过培训,在同一个检验试验中,不能将接受过培训的和未接受培训的两类评价员混合在一起试验。

采用随机数字对样品进行编码。如果每位评价员只能评价一对样品，则根据评价员人数，等量准备 4 种可能的样品组合（AA、BB、AB、BA），随机呈送给评价员评价。如果试验要求每位评价员评价一对以上样品时，可以准备一对相同和一对不同，或者所有 4 种组合样品，编码后随机呈送。保证呈送样品中相同（AA、BB）和不同的（AB、BA）样品对数相等，且包含 A 的样品和包含 B 的样品对数相等。

收集评价单，统计评价结果。n_{ij} 表示实际相同的成对样品或不同的成对样品被判断为“相同”或“不同”的评价员人数；n_{11} 为相同组合样品被评价为“相同”的评价人员数，而 n_{21} 为相同组合样品被误评为“不同”的评价人员数。n_{12} 为不同组合样品被误评为“相同”的评价人员数，n_{21} 为不同组合样品被评价为“不同”的评价人员数。R_1、R_2 分别为 $n_{11}+n_{12}$ 和 $n_{21}+n_{22}$，C_1、C_2 分别为 $n_{11}+n_{21}$ 和 $n_{12}+n_{22}$，n 为所有回答数，然后用χ^2 检验来进行解释，分析过程同“A”-“非 A”检验法。

（4）差异对照检验

差异对照检验（difference from control），又称与对照的差异检验、差异程度检验（degree of difference test，DOD）。要求检验时呈送给评价员一个对照样和一个或几个待测样（其中包括作为盲样的对照样），并告知评价员待测样中含有对照盲样，要求评价员按照评价尺度定量地给出每个样品与对照样的差异大小。差异对照试验的评价结果是通过各样品与对照间的差异结果来进行统计分析的，以判断不同产品与对照间的差异显著性。差异对照检验的实质是评估样品差别大小的一种简单差异试验。

差异对照检验的目的不仅是判断一个或多个样品和对照之间是否存在差异，而且还要评估出所有样品与对照之间差异程度的大小。差异对照检验在进行质量保证、质量控制、货架寿命试验等研究中使用，不仅要确定产品之间是否有差异，还希望给出其差异的程度，以便用于决策。对于那些由于产品中存在多种成分而不适于三点检验、二-三点检验的研究时，如肉制品、焙烤制品等，差异对照检验是适用的。

差异对照检验一般需要 20~50 人参加评价。评价员可以是经过训练的，也可以是未经训练的，但两者不能混在一起来评价。所有评价员均应熟悉试验模式、尺度（等级）的含义、评价的编码、试验样品中有作为盲样的对照样。试验时如果可能，将待评样品同时呈送评价员，样品包括标记出的对照样、其他待评的编码样品、编码的盲样。每个评价员提供一个标准对照样和数个编码样品(编码的其他样品、编码盲样)。评价时使用的尺度可以是类别尺度、数字尺度或线性尺度。如果采用语言类别尺度评价,在进行结果分析时要将其转换成相应的数值。

收集评价单,整理试验结果,其中χ_{i0}为第i评价员对盲样与对照样差异大小的评价结果,χ_{i1}为第i评价员对样品1与对照样差大小的评价结果,χ_{i2}为第i评价员对样品2与对照样差异大小的评价结果,依此类推。计算每一个样品与未知对照样的平均值,然后采用方差分析方法(如果仅有一个样品时可采用成对t检验)进行统计分析以比较各个样品间的差异显著性。

考虑到不同评价员之间的评价水平差异性可能对评价结果产生影响,可将评价员看成区组因素,可将数据看成带有区组的单因素试验资料进行方差分析,也可以看成两因素无重复试验资料进行方差分析。方差分析中采用多重比较的方式,包括最小显著差数法(LSD法)、q检验法(q-test)和新复极差法(new multiple range method)。

多重比较结果的表示方法较多,标记字母法是目前最为常用的方法。先将各处理平均数由大到小自上而下排列;然后在最大平均数后标记字母a,并将该平均数与以下各平均数依次相比,凡差异不显著标记同一字母,直到某一个与其差异显著的平均数标记字母b;再以标有字母b的平均数为标准,与上方比它大的各个平均数比较,凡差异不显著一律再加标b,直至显著为止;再以标记有字母b的最大平均数为标准,与下面各未标记字母的平均数相比,凡差异不显著,继续标记字母b,直至某一个与其差异显著的平均数标记c;如此重复下去,直至最小一个平均数被标记比较完毕为止。这样,各平均数间凡有一个相同字母的即为差异不显著,凡无相同字母的即为差异显著。通常用小写拉丁字母表示显著水平在$\alpha=0.05$,用大写拉丁字母表示显著水平在$\alpha=0.01$,此法为科技文献中的常用标注法。

4.3 排列检验

差别检验在同一时间内只能比较两种样品,但在实际感官评价中往往要对一系列样品进行商业性产品特性和风味成分等分析比较或判断,或者要对它们的质量进行预选(哪份样品质量好,哪份中等,哪份质量差)。这种预选有助于节省时间或样品的用量(如果竞争者的产品能得到的量较少,或该部分的产量非常小),此时就需要一种排列检验的方法来进行初步的感官评价。排列检验方法可用于进行消费者的可接受性检查及确定偏爱的顺序,选择产品,确定由于不同原料、加工、处理、包装和贮存等环节造成的对产品感官特性的影响。在对样品作更精细的感官评价之前,也可首先采用此方法进行筛选检验。

4.3.1 排序检验法

排序检验法,就是比较数个样品,按指定特性由强度或嗜好程度排出系列的方法,该方法只要求排出样品的次序,不要求评价样品间差异的大小。该方法适用于评价样品间的差别,如样品某一种或多种感官特性的强度,或者评价人员对样品的整体印象。如果是样品某一种感官特性的强度,被检的每一种感官特性都必须通过不同的检验来排序,即检验时,同一样品被编上不同的编码,以不同的次序分发给同一评价员。

排序检验法可用于辨别样品间是否存在差异,但不能确定样品间差异的程度。当实验目的是就某一项性质对多个产品进行比较时,如甜度、新鲜程度等,使用排序检验法是进行这种比较的最简单的方法,比任何其他方法更节省时间。当评价少数样品(6 个以下)的复杂特性(如质地、风味等)或多数样品(20 个以上)的外观时,这种检验方法迅速而有效。此外,排序检验法的优点是可利用同一样品,对其各类特征进行检验,排出优劣,且方法较简单,结果可靠。即使样品间差别很小,只要评价员很认真,或者具有一定的检验能力,都能在相当精确的程度上排出顺序。

排序检验法经常用在以下几个方面:评价员评估,包括培训评价员以及测定评价员个人或小组的感官阈值;产品评估,在描述性分析或偏爱检验前,对样品初步筛选;在描述性分析和偏爱检验时,确定由于原料、加工、包装、贮存以及被检样品稀释顺序的不同,对产品一个或多个感官指标强度水平的影响;在偏爱检验时,确定偏好顺序,如按产品的某种性质(甜度、咸度、芳香度、酸度、酸败等)的强度增强的方式排列;按产品的质量(竞争产品、风味)等进行比较排序;按评价员的快感性质(喜欢或不喜欢,偏爱度,可接受度等)进行排序。

(1)排序检验法的特点

排序法是进行多个样品比较的最简单的方法。花费的时间较短,特别通用于样品再做进一步更精细的感官评价之前的初步分类或筛选。此法的实验原则是以均衡随机的顺序将样品呈送给评价员,要求评价员就指定指标将样品进行排序,计算序列和,然后利用 Friedman 等统计方法对数据进行分析。

参加实验人数不得少于 8 人,如果参加人数在 16 人以上,区分效果会得到明显效果。根据实验目的,评价员要有区分样品指标之间细微差别的能力。当评价少量样品的复杂特性时,选用此法快速而又高效,但样品数一般小于 6 个;当样品数量较大(如大于 20 个),且不是比较样品间的差别大小时,选用此法也具有一定优势。但其信息量却不如分级法大,此法可不设对照样,将两组结果直接进行对比。但是,在样品间差别小、种类多的情况下,得出的检验结果可能欠准确。

进行检验前,应由组织者对检验提出具体的规定,对被评价的指标和准则要有一定的理解。如对哪些特性进行排列?排列的顺序是从强到弱还是从弱到强?检验时操作要求如何?评价气味时是否需要振荡等。排序检验只能按照一种特性进行,如要求对不同的特性进行排序,则按不同的特性安排不同的顺序。在检验中,每个评价员以事先确定的顺序检验编码的样品,并安排出一个初步顺序,然后进一步整理调整,最后确定整个系列的强弱顺序。

(2)相关参数的选择

根据检验目的召集评价员。如用于产品评价时,一般为 12~15 位优选评价员;确定偏好顺序时,至少 60 位消费者类型评价员;而用于评价员表现评估时,人数无限制。尽可能采用完全区组设计,将全部样品随机提供给评价员。但若样品的数量和状态使其不能被全部提供时,也可采用平衡不完全区组设计,以特定子集将样品随机提供给评价员。评价员对提供的被检样品,依检验的特性排成一定顺序,给出每个样品的秩次。统计评价小组对每个样品的秩和,根据检验目的选择统计检验方法。如采用 Spearman 相关系数进行评价员个人表现判定,Page 检验进行小组表现判定,Friedman 检验或符号检验进行产品差异有无及差异方向检验。

被检样品的数量应根据被检样品的性质(如饱和敏感度效应)和所选的实验设计来确定,并根据样品所归属的产品种类或采用的评价准则进行调整。如优选评价员或专家最多一次只能评价 15 个风味较淡的样品,而消费者最多只能评价 3 个涩味的、辛辣的或者高脂的样品。甜味的饱和度较苦味的饱和度偏低,甜味样品的数量可比苦味样品的数量多。此外,一定要对被检样品进行详细说明。

依据检验目的,对评价员人数、评价员水平和统计方法分别有如下选择建议(表 4-1):

表 4-1　根据检验目的选择参数

<table>
<tr><th colspan="2" rowspan="3">检验目的</th><th rowspan="3">评价员人数</th><th rowspan="3">评价员水平</th><th colspan="3">统计方法</th></tr>
<tr><th rowspan="2">已知顺序比较
（评价员表现）</th><th colspan="2">产品顺序未知
（产品比较）</th></tr>
<tr><th>两个产品</th><th>两个以上产品</th></tr>
<tr><td rowspan="2">评价员评估</td><td>个人表现评估</td><td>评价员或专家</td><td>无限制</td><td>Spearman 检验</td><td rowspan="4">符号检验</td><td rowspan="4">Friedman 检验</td></tr>
<tr><td>小组表现评估</td><td>评价员或专家</td><td>无限制</td><td rowspan="2">Page 检验</td></tr>
<tr><td rowspan="2">产品评价</td><td>描述性检验</td><td>评价员或专家</td><td>12~15 人</td></tr>
<tr><td>偏好性检验</td><td>消费者</td><td>不同类型消费者组，每组至少 60 人</td><td>—</td></tr>
</table>

注:“—”表示无需检验。

(3) 排序检验的基本步骤

应由评价主持者对检验提出具体的规定(如对哪些特性进行排列,特性强度是从强到弱还是从弱到强进行排列等)和要求(如在评价气味之前要先振荡等)。此外,排序只能按一种特性进行,如果要求对不同的特性排序,则应按不同的评价之间使用水、淡茶或无味面包等,以恢复原感觉能力。

样品的制备方法应根据样品本身的情况以及所关心的问题来确定。例如,对于正常情况是热食的食品就应按通常方法制备并趁热检验。片状产品检验时不应将其均匀化,应尽可能使分给每个评价员的同种产品具有一致性。提供样品时,不能使评价员从样品提供的方式中对样品的性质做出结论,应避免评价员看到样品准备的过程。按同样的方式准备样品,如采用相同的仪器或容器、同等数量的样品、同一温度和同样的分发方式等。应尽量消除样品间与检验不相关的差别,减少对排序检验结果的影响,宜在样品平常使用的温度下分发。

提供样品时还应考虑检验时所采用的设计方案,尽量采用完全区组设计,将全部样品随机分发给评价员,但如果样品的数量和状态使其不能被全部分发时,可采用平衡不完全区组设计。样品提供时还需注意以下问题:排序的样品数应视检验的困难程度而定,一般不超过 8 个;送交每个评价员检验的样品量应相等,并足以完成所要求的检验次数;某些特性的掩蔽,例如使用彩色灯除去颜色效应等;检验中可使用参比样,参比样放入系列样品中不单独标示。

检验时,评价员应在相同的检验条件下,将随机提供的被检样品,依检验的特性排成一定的顺序。评价员应避免将不同样品排在同一秩次。若无法区别两个或两个以上样品时,评价员可将这两个样品排在同一秩次,并在回答表中注明。如不存在感官适应性的问题,且样品比较稳定时,评价员可将样品初步排序,再进一步检验调整。每次检验只能按一种特性进行排序,如要求对不同特性进行排序,则应按不同的特性安排不同的检验。

为防止样品编号影响评价员对样品排序的结果,样品编号不应出现在空白回答表中;评价员应将每个样品的秩次都记录在回答表中。

(4)结果分析

在实验中尽量同时提供样品,使评价员同时收到以均衡、随机顺序排列的样品,其任务是将样品排序。同一组样品还可以以不同的编号被一次或数次呈送,如果每组样品被评价的次数大于2,那么实验的准确性会得到最大提高。在倾向性实验中,告诉评价员,最喜欢的样品排在第一位,第二喜欢的样品排在第二位,依次类推,不要把顺序搞颠倒。如相邻两个样品的顺序无法确定,鼓励评价员去猜测,如果实在猜不出,可以取中间值,如4个样品中,对中间两个的顺序无法确定时,就将它们都排为(2+3)/2=2.5。如果需要排序的感官指标多于一个,则对样品分别进行编号,以免发生相互影响。排出初步顺序后,若发现不妥之处,可以重新核查并调整顺序,确定每个样品在尺度线上的相应位置。

①统计结果秩和的计算。

表4-2举例说明了由7名评价员对4个样品的某一特性进行排序的结果。如果需要对不同的特性进行排序,则一个特性对应一个表。

表4-2 结果统计与秩和

评价员	样品				秩和
	256	583	648	154	
1	1	2	3	4	10
2	4	1.5	1.5	3	10
3	1	3	3	3	10
4	1	3	4	2	10
5	3	1	2	4	10
6	2	1	3	4	10
7	2	1	4	3	10
每种样品的秩和	14	12.5	20.5	23	70

如果有相同秩次，取平均秩次，如表中评价员 2 对样品 583、648 有相同秩次评价；评价员 3 对样品 583、648 和 154 有相同秩次评价。如无数据遗漏，且相同秩次能正确计算，则标准每行应有相同秩和。将每一列的秩次相加，可得到每个样品的秩和。样品每列秩和表示所有评价员对样品排序结果的一致性。如果评价员的排序结果比较一致，则每个秩和的差异较大。反之，如果评价员的排序结果不一致，则每列秩和差异不大。因此可以根据样品的秩和来评估样品间的差异。

②个人表现判定：Spearman 相关系数。

在比较两个排序结果，如两个评价员做出的评定结果之间或评价员排序的结果与样品的理论排序之间的一致性时，可由下式计算 Spearman 相关系数，并参考 Spearman 相关系数的临界值表（详见《GB/T 12315—2008 感官分析 方法学 排序法》），列出的临界值 r_s，来判定相关性是否显著。

$$r_s = 1 - \frac{6\sum d_i^2}{p(p^2 - 1)}$$

式中，d_i 为样品 i 两个秩次的差；p 为参加排序的样品（产品）数。

若 Spearman 相关系数接近+1，则两个排序结果非常一致；若接近 0，则两个排列结果不相关；若接近-1，则两个排序结果极不一致。此时考虑是否存在评价员对指示理解错误或者将样品与要求相反的次序进行了排序。

③小组表现判定：Page 检验。

样品具有自然顺序或自然顺序已确认的情况下（例如样品成分的比例、温度、不同的贮存时间等可测因素造成的自然顺序），该分析方法可用来判定评价小组能否对一系列已知或者预计具有某种特性排序的样品进行一致的排序。

如果 $R_1, R_2, \cdots, R_p$ 是以确定的排序排列的 p 种样品的理论上的秩和，那么若样品间没有差异则：

a. 原假设可写成：

$$H_0: R_1 = R_2 = \cdots = R_p$$

备择假设则是：$H_1: R_1 \leqslant R_2 \leqslant \cdots \leqslant R_p$，其中至少有一个不等式是成立的。

b. 为了检验该假设，计算 Page 系数 L：

$$L = R_1 + 2R_2 + 3R_3 + \cdots + kR_p$$

其中 R_1 是已知样品顺序中排序为第一的样品的秩和，依次类推，就是排序为最后的样品的秩和。

c. 统计结论：

查询 GB/T 12315—2008 中完全区组设计中 L 的临界值，其临界值与样品数、评价员人数以及选择的统计学水平有关（$\alpha=0.05$ 或 $\alpha=0.01$），当评价员的结果与理论值一致时，L 有最大值。

如果 $L<L_\alpha$，产品间没有显著性差异；如果 $L \geqslant L_\alpha$，则产品的排序存在显著性差异，即拒绝原假设而接受备择假设（可以得出结论：评价员做出了与预知的次序相一致的排序）。

上述提到的国家标准中亦给出了超出列表人数时 L' 的计算方式，但要区分是否在平衡不完全区组设计下。计算得到的 L' 分别与不同水平下的临界值比较，当 $L' \geqslant 1.64(\alpha=0.05)$ 或 $L' \geqslant 2.326(\alpha=0.01)$ 时，拒绝原假设而接受备择假设。但因为原假设所有理论秩和都相等，所以即便统计的结果显示差异性显著，也并不表明样品间的所有差异都已完全区分。

④产品理论顺序未知下的产品比较。

此处重点讲解 Friedman 检验，其能最大限度地显示评价员对样品间差异的识别能力。

1）检验两个或两个以上产品之间是否存在差异的情况

该检验应用于 j 个评价员对相同的 p 个样品进行评价。$R_1, R_2, \cdots, R_n$ 分别是 j 个评价员给出的 1−P 个样品的秩和。

假设可为：$H_0: R_1=R_2=\cdots=R_p$，即认为样品间不存在显著差异。

为了检验该假设，计算 F_{test} 值。

$$F_{\text{test}}=\frac{12}{jp(p+1)}(R^{21}+R_2^2+\cdots+R_p^2)-3j(p+1)$$

式中，R_i 为第 i 个产品的秩和。

如进行的是平衡不完全区间设计，按照下式计算 F_{test} 值。

$$F_{\text{test}}=\frac{12}{jp(k+1)}(R^{21}+R_2^2+\cdots+R_p^2)-\frac{3rn^2(k+1)}{g}$$

式中，k 为每个评价员排序的样品数；R_i 为 i 产品的秩和；r 为重复次数；n 为每个样品被评价的次数；g 为每两个样品被评价的次数。

如果 $F_{\text{test}}>F$，参照 Friedman 检验临界值表（GB/T 12315—2008）中评价员的个数、样品数和显著水平，拒绝原假设，认为产品的秩次间存在显著差异，即产品间存在显著差异。

2）检验哪些产品之间存在显著性差异

当 Friedman 检验判定产品之间存在显著性差异时，则需要进一步判定哪些产品之间存在显著性差异。可通过选择可接受显著性水平（$\alpha=0.05$ 或 $\alpha=$

0.01)，计算最小显著差数(LSD)来判定。其中，显著性水平的选择，可采用以下两种方法之一。

如果风险由每个因素单独控制，则其与 α 相关。如 $\alpha=0.05$，即5%的风险，则用来计算最小显著差数的参数 z 的值为1.96(相当于双尾正态分布概率)。称其为比较性风险或个体风险；如果风险由所有可能因素同时控制，则其与 α' 相关，$\alpha'=2\alpha/p(P-1)$。如 $P=8$，$\alpha'=0.05$ 时，则 z 的值为2.91，称其为实验性风险或整体风险。大多数情况下，第二种风险被用于产品之间显著性差异的实际判定。

在完全区组实验设计中，LSD值由下式得出：

$$\mathrm{LSD}=z\sqrt{\frac{jp(p+1)}{6}}$$

在平衡不完全区组实验设计中，LSD值由下式得出：

$$\mathrm{LSD}=z\sqrt{\frac{r(k+1)\cdot(nk-n+g)}{6}}$$

计算两两样品的秩和之差，并与LSD值比较。若秩和之差等于或者大于LSD值，则这两个样品之间存在显著性差异，即排序检验时，已区分出这两个样品之间的差别。反之，若秩和之差小于LSD值，则这两个样品之间不存在显著性差异，即排序检验时，未区分出这两个样品之间的差异。

如果出现同秩情况，即两个或多个样品同秩次，则完全区组设计中的 F 值应替换为 F'，具体求解和查询表格详见(GB/T 12315—2008)。

⑤采用符号检验比较两个产品。

某些特殊的情况用排序法进行两个产品之间的差异比较时，可使用符号检验。如比较两个产品A和B的差异。k_A 是产品A排序在产品B之前的评价次数。k_B 表示产品B排序在产品A之前的评价次数。k 则是 k_A 和 k_B 之中较小的那个数。而未区分出A和B差异的评价不在统计的评价次数之内。

原假设为 $H_0: k_A=k_B$；备选假设为 $H_1: k_A\neq k_B$。

如果 k 小于配对单个检验的临界值(详见GB/T 12315—2008)，则拒绝原假设而接受备择假设。表明A和B之间存在显著性差异。

4.3.2 分类检验法

分类检验法是在确定产品类别标准的情况下，要求评价员在品尝样品后，将样品划分为类别的检验方法。在评价样品的质量时，有时对样品进行评分会比较困难,这时可选择分类法评价出样品的差异,得出样品的级别、好坏,也可鉴定出样品是否存在缺陷。分类检验法的特点包括:以过去积累的已知结果为依据,在归纳的基础上进行产品分类;当样品打分有困难时,可用分类法评价出样品的好坏差异,得出样品的级别、好坏,也可鉴定出样品的缺陷等。

把样品以随机的顺序出示给评价员,要求评价员按顺序评价样品后,根据评价表中所示的分类方法对样品进行分类,如可以把四个样品分成三个类别。统计结果后,分类检验可采用χ^2检验。统计每个样品通过检验后分属每一级别的评价员的数量,然后用χ^2检验比较两种或多种产品不同级别的评价员的数量,从而得出每个样品应属的级别,并判断样品间的感官质量是否有差异。

4.4 分级试验

分级试验是以某个级数值来描述食品的属性。在排列试验中,两个样品之间必须存在先后顺序,而在分级试验中,两个样品可能属于同一级数,也可能属于不同级数,而且它们之间的级数差别可大可小。排列试验和分级试验各有特点和针对性。

感官分级通常是评价员感觉的综合过程。要求评价员对真实特征的存在、这些特征的混合或平衡、负特性的消除、分等产品同某些书面或自身标准的比较而给出总的综合效应。商业中的分级系统是相当复杂和有用的,它可防止消费者以高价购买劣质产品而使生产商弥补与高质量产品的供给有关的额外成本。但是,分等与可测的物理化学性质有统计相关性是困难的或不可能的。级数定义的灵活性很大,没有严格规定。例如,对食品甜度,其级数值可按表4-3不同的分级方式区分。

表4-3 食品甜度的分级方法

<table>
<tr><th rowspan="2">甜度</th><th colspan="5">分级方法</th></tr>
<tr><th>1</th><th>2</th><th>3</th><th>4</th><th>5</th></tr>
<tr><td>极甜</td><td>9</td><td>4</td><td>8</td><td rowspan="2" colspan="2"></td></tr>
<tr><td>很甜</td><td>8</td><td>3</td><td>7</td></tr>
<tr><td>较甜</td><td>7</td><td>2</td><td>6</td><td>6</td><td rowspan="2">3</td></tr>
<tr><td>略甜</td><td>6</td><td>1</td><td>5</td><td>5</td></tr>
</table>

续表

<table>
<tr><th rowspan="2">甜度</th><th colspan="5">分级方法</th></tr>
<tr><th>1</th><th>2</th><th>3</th><th>4</th><th>5</th></tr>
<tr><td>适中</td><td>5</td><td>0</td><td>4</td><td>4</td><td rowspan="2">2</td></tr>
<tr><td>略不甜</td><td>4</td><td>-1</td><td>3</td><td>3</td></tr>
<tr><td>较不甜</td><td>3</td><td>-2</td><td>2</td><td>2</td><td rowspan="3">1</td></tr>
<tr><td>很不甜</td><td>2</td><td>-3</td><td>1</td><td rowspan="2">1</td></tr>
<tr><td>极不甜</td><td>1</td><td>-4</td><td>0</td></tr>
</table>

对于食品的咸度、酸度、硬度、脆性、黏性、喜欢程度或者其他指标的级数值也可以类推。当然也可以用分数、数值范围或图解来对食品进行级数描述。例如,对于茶叶进行综合评判的分数范围为:外形20分,香气与滋味60分,水色10分,叶底10分,总分100分。当总分大于90分为1级茶,81~90分为2级茶,71~80分为3级茶,61~70分为4级茶。在分级实验中,由于每组实验人员的习惯、爱好及分辨能力各不相同,各人的实验数据可能不一样。因此规定标准样的级数,使它的基线相同,这样有利于统一所有实验人员的实验结果。

4.4.1 评分法

评分法是指按预先设定的评价基准,对试样的特性和嗜好程度以数字标度进行评价,随后换算成得分的一种评价方法。在评分法中,所有的数字标度为等距或比率标度,如1~10(10级),-3~3级(7级)等数值尺度。该方法不同于其他方法的是所谓的绝对性判断即根据评价员各自的评价基准进行判断。它出现的粗糙评分现象也可由增加评价员人数的方法来克服。由于此方法可同时评价一种或多种产品的一个或多个指标的强度及其差异,应用较为广泛,尤其适用于新产品的评价。

评分点所代表的意义有共同的认识,样品的出示顺序可利用拉丁法随机排列。问答表的设计应和产品的特性及检验的目的相结合,尽量简洁明了。在进行结果分析与判断前,首先要将问答表的评价结果按选定的标度类型转换成相应的数值。以上述问答票的评价结果为例,可按-3~3(7级)等值尺度转换成相应的数值。极端好=3;非常好=2;好=1;一般=0;不好=-1;非常不好=-2;极端不好=-3。当然,也可以用10分制或百分制等其他尺度。然后通过相应的统计分析和检验方法来判断样品间的差异性，当样品只有两个时，可以采用简单的 t 检验；当样品超过两个时，要进行方差分析并最终根据 F 检验结果来判别样品间的差异性。

评分法的设计与分析都极为简单，这里不再赘述，每个评价员对所有样品进行评分，按照两个样品差异性检验，或多个样品的方差分析进行数据处理，可采用 Excel、SPSS 和 SAS 等软件快速实现。

4.4.2 成对比较法

当试样数 n 很大时，一次把所有的试样进行比较是困难的。此时，一般采用将 n 个试样以两个一组的形式加以比较，根据其结果对整体进行综合性的相对评价，判断全体的优劣从而得出数个样品相对结果的评价方法，这种方法称为成对比较法。本法的优点很多，如在顺序法中出现样品的制备及试验实施过程中的困难等大部分都可以得到解决，在试验时间上，长达数日进行也无妨。因此，本法是应用最广泛的方法之一。例如，舍菲（Scheffe）成对比较法，其特点是不仅回答了两个试样中“喜欢哪个”，即排列两个试样的顺序，而且还要按设定的评价基准回答“喜欢到何种程度”，即评价试样之间的差别程度（相对差）。

成对比较法可分为定向成对比较法（2-选项必选法）和差别成对比较法（简单差别检验法或异同检验法）。二者在适用条件及样品呈送顺序等方面存在一定差别。

设计问答表时，首先应根据检验目的和样品特性确定采用定向还是差别成对比较法。由于该方法主要是在样品两两比较时用于评价两个样品是否存在差异，故问答表应便于评价员表述样品间的差异，最好能将差异的程度尽可能准确地表达出来，同时还要尽量简洁明了。

定向成对比较法用于确定两个样品在某一特定方面是否存在差异，如甜度、色彩等。对实验实施人要求：将两个样品同时呈送给评价员，要求评价员识别出在这一指标感官属性上程度较高的样品。样品有两种可能的呈送顺序（AB，BA），这些顺序应在评价员间随机处理，评价员先收到样品 A 或样品 B 的概率应相等；必须保证两个样品只在单一的所指定的感官方面有所不同，此点应特别注意，一个参数的改变会影响产品的许多其他感官特性。例如，在蛋糕生产中将糖的含量改变后，不只影响甜度，也会影响蛋糕的质地和颜色。要求评价员必须准确理解感官专业人员所指的特定属性的含义，并在识别指定的感官属性方面受过训练。

差别成对比较法的使用条件是:没有指定可能存在差异的方面,试验者想要确定两种样品的不同。该方法类似于三点检验法或二-三点检验法,但不经常采用。当产品有一个延迟效应或是供应不足,以及三个样品同时呈送不可行时,最好采用它来代替三点检验法或二-三点检验法。对实施人员的要求:同时被呈送两个样品,要求回答样品是否相同。差别成对比较法有 4 种可能的样品呈送顺序(AA,AB,BA,BB)。这些顺序应在评价员中交叉进行随机处理,每种顺序出现的次数相同。要求评价员只需比较两个样品,判断它们相似或不同。

这些顺序应在评价员中交叉进行比较两个样品,判断方法和评分法相似。成对比较法在进行结果分析与判断前,首先要将问答票的评价结果按选定的标度类型转换成相应的数值。以上述问答票的评价结果为例,可按-3~3(7 级)等值尺度转换成相应的数值。非常好=3;很好=2;好=1;无差别=0;不好=-1;很不好=-2;非常不好=-3。也可用十分制或百分制等其他尺度。

在得到分析结果后,汇总数据并求出每种组合的总得分,利用总得分求出嗜好度、平均嗜好度(除去顺序效果的部分,即两两样品间的),进而转化得到每个样品的主效果,通过对主效果进行方差分析,依靠主效果差判断样品间是否存在差异。如果只有 3 种样品时,可以利用斯图登斯化范围表简单求解主效果差;4 种及以上样品时,采用 Duncan 复合比较的方差分析方法获得统计结果。

4.4.3 加权评分法

评分法没有考虑到食品各项指标的重要程度,从而会对产品总的评价结果造成一定程度的偏差。事实上,对同一种食品,由于各项指标对其质量的影响程度不同,是不完全平权的,因此需要考虑它们的权重。所谓加权评分法是考虑各项指标对质量的权重后求平均分数或总分的方法,一般以 10 分或 100 分为满分进行评价。加权平均法可以对产品的质量做出更加准确的评价结果,比评分法更加客观、公正。

权重是指一个因素在被评价因素中的影响和所处的地位。权重的确定关系到加权评分法能否顺利实施以及能否得到客观准确的评价结果。权重的确定一般是邀请业内人士根据被评价因素对总体评价结果影响的重要程度,采用德尔菲法进行赋权打分,经统计获得由各评价因素权重构成的权重集。

通常,要求权重集所有因素 a_i 的总和为 1,这称为归一化原则。

设权重集 $A=\{a_1,a_2,\cdots,a_n\}=\{a_i\}(i=1,2,\cdots,n)$

则
$$\sum_{i=1}^{n} a_i = 1$$

工程技术行业采用常用的“0~4评判法”确定每个因素的权重。一般步骤如下：首先请若干名（一般8~10人）业内人士对每个因素两两进行重要性比较，根据相对重要性打分；很重要~很不重要，打分4~0；较重要~不很重要，打分3~1；同样重要，打分2。据此得到每个评委对各个因素所打分数表。然后统计所有人的打分，得到每个因素得分，再除以所有指标总分之和，便得到各因素的权重因子。

例如，为获得番茄的颜色、风味、口感、质地这四项指标对保藏后番茄感官质量影响权重，邀请10位业内人士对上述四个因素按0~4评判法进行权重打分。统计十张表格各因素的得分列于汇总表中。将各项因素所得总分除以全部因素总分之和便得权重系数，总权重为1。

该方法的分析及判断方法比较简单，就是对各评价指标的评分进行加权处理后，求平均得分或求总分，最后根据得分情况来判断产品质量的优劣。加权处理及得分计算可按下式进行。

$$P = \sum_{i=1}^{n} a_i x_i / f$$

式中，P为总得分；n为评价指标数目；a为各指标的权重；x为评价指标得分；f为评价指标的满分值。

如采用百分制，则$f=100$；如采用十分制，则$f=10$；如采用五分制，则$f=5$。如评定茶叶的质量时，以外形权重（20分）、香气与滋味权重（60分）、水色权重（10分）、叶底权重（10分）作为评定的指标。评定标准为一级（91~100分）、二级（81~90分）、三级（71~80分）、四级（61~70分）、五级（51~60分）。现有一批花茶，经评审员评审后各项指标的分数分别为：外形83分；香气与滋味81分；水色82分；叶底80分。该批花茶的总分为：[(83×20)+(81×60)+(82×10)+(80×10)]/100=81.4（分）。依据花茶等级评价标准，该批花茶为二级茶。

4.4.4 模糊数学法

在加权评分法中，仅用一个平均数很难确切地表示某一指标应得的分数，可能使结果存在误差。如果评价的样品是两个或两个以上，最后的加权平均数出现相同而又需要排列出它们的各项时，现行的加权评分法就很难解决。如果采用模糊数学的方法来处理评价的结果，以上的问题不仅可以得到解决，而且它综合考虑到所有的因素,获得的是综合且较客观的结果。模糊数学法是在加权评分法的基础上,应用模糊数学中的模糊关系对食品感官检验的结果进行综合评判的方法。

应用模糊数学法进行感官评价的核心在于模糊数学的基本理论知识。模糊综合评判的数学模型是建立在模糊数学基础上的一种定量评价模式。它是应用模糊数学的有关理论(如隶属度与隶属函数理论),对食品感官质量中多因素的制约关系进行数学化的抽象,建立一个反映其本质特征和动态过程的理想化评价模式。由于我们的评判对象相对简单,评价指标也比较少,食品感官质量的模糊评判常采用一级模型。模糊评判所应用的模糊数学的基础知识,主要为以下内容:

(1)建立评判对象的因素集 $\boldsymbol{U}=\{u_1,u_2,\cdots,u_n\}$

因素就是对象的各种属性或性能。如评价蔬菜的感官质量,可以选择蔬菜的颜色、风味、口感、质地作为考虑的因素。因此,可设评判因素 u_1=颜色;u_2=风味;u_3=口感;u_4=质地;组成评判因素集合 $\boldsymbol{U}=\{u_1,u_2,u_3,u_4\}$。

(2)给出评语集 $\boldsymbol{V}=\{v_1,v_2,\cdots,v_n\}$

评语集由若干个最能反映该食品质量的指标组成,可以用文字表示,也可用数值或等级表示。如保藏后蔬菜样品的感官质量划分为四个等级,可设 v_1=优;v_2=良;v_3=中;v_4=差。则 $\boldsymbol{V}=\{v_1,v_2,v_3,v_4\}$。

(3)建立权重集

确定各评判因素的权重集 X,权重是指一个因素在被评价因素中的影响和所处的地位。其确定方法与前文加权评分法中介绍的方法相同。

(4)建立单因素评判

对每一个被评价的因素建立一个从 $\boldsymbol{U}$ 到 $\boldsymbol{V}$ 的模糊关系 $\boldsymbol{R}$,从而得出某个单一因素的评价集;矩阵 $\boldsymbol{R}$ 可以通过对单因素的评判获得,即 $\boldsymbol{U}_i$ 得到某个单一因素的评判。构成 $\boldsymbol{R}$ 中的第 i 行。

$$\boldsymbol{R}=\begin{bmatrix} r_{11} & \cdots & r_{1n} \\ \vdots & \ddots & \vdots \\ r_{m1} & \cdots & r_{mn} \end{bmatrix}$$

即:$\boldsymbol{R}=(r_{ij}),i=1,2,\cdots,m;j=1,2,\cdots,n$。这里的元素 r_{ij} 表示从因素 u_i 到该因素的评判结果 v_j 的隶属程度。

(5)综合评判

求出 $\boldsymbol{R}$ 与 $\boldsymbol{X}$ 后,进行模糊变换:

$$\boldsymbol{B}=\boldsymbol{X}\cdot\boldsymbol{R}=\{b_1,b_2,\cdots,b_m\}$$

$\boldsymbol{X}\cdot\boldsymbol{R}$ 为矩阵合成,矩阵合成运算按照最大隶属度原则。再对 $\boldsymbol{B}$ 进行归一化处理得到 $\boldsymbol{B}'=b$.

$\boldsymbol{B}'=\{b'_1,b'_2,\cdots,b'_m\}$

$\boldsymbol{B}'$便是该组人员对该种食品感官质量的评语集。最后,再由最大隶属原则确定该种食品感官质量的所属评语。

4.4.5 阈值试验

研究感官阈值测定方法的意义在于进一步解决食品风味化学及感官科学研究发展中的关键问题,如关键成分的确定、异味成分的影响、风味物质的相互作用等。关于阈值的相关知识详见第四章第二节。能够分辨出感觉的最小刺激量叫作刺激阈(察觉阈,RL),分为敏感阈、识别阈和极限阈。感觉上能够分辨出刺激量的最小变化称为分辨阈(识别阈,DL)。若刺激量由 S 增大到 $S+\Delta S$ 时,能分辨其变化,则称 ΔS 为上分辨阈,用 ΔS 来表示;若刺激量由 S 减少到 $S-\Delta S$ 时,能分辨出其变化,则称 ΔS 为下分辨阈,用 $-\Delta S$ 来表示,上下分辨阈绝对值的平均值称平均分辨阈。对某些感官特性而言,有时两个刺激产生相同的感觉效果,我们称之为等价刺激。主观上感觉到与标准相同感觉的刺激强度称为主观等价值(DSE)。例如,当浓度为 10%的葡萄糖为标准刺激时,蔗糖的主观等价值浓度为 6.3%,主观等价值与评价员的敏感度关系不大。

国际上对于感官阈值的研究从 20 世纪 50 年代开始,1961 年 Swets 在 Science 杂志的综述中将感官阈值的概念从传统认知提升到科学理论的高度。随后的 20 年里,研究者广泛开展了感官阈值测试方法的研究,根据所采用原理不同将评价方法分为单样品测试、配对样品测试、三点样品测试和系列样品测试等;而计算方法包含曲线拟合法、最优估计阈值法等。国家及国际标准包括 GB/T 22366、ASTM E679 和 ASTM E1432。其中,GB/T 22366 测定对象主要是察觉阈值,采用三点选配法(three-alternative forced-choice,3-AFC)作为感官评价法,最优估计阈值法(best estimate threshold,BET)及曲线拟合法(curve fitting,CF 法)作为两种数据计算方法。ASTM E679 和 ASTM E1432 为阈值测定的两种并行标准,测定对象包括察觉阈值和识别阈值,两者都采用评价上升梯度浓度样品方法(ascending concentration series method)测定感官阈值,区别是计算方法分别采用了 BET 和 CF 方法。

阈值测定可以对某些天然产品芳香特性可能有贡献的风味物质进行测定。

假如有一个产品,如苹果汁,数百种化学物质可用仪器分析测定。哪些物质可能对感觉到的苹果香气有贡献?风味研究中的常用方法是认为只有那些高于其阈值浓度存在的物质才会有贡献。

阈值测定也可以作为筛选对关键风味物质敏感性个体的一种方法。临床上用于测定人的敏感性方面有很长的历史,普通的视觉和听力检查就包含一些阈值的测量。在化学感觉中,由于在味觉和嗅觉等感官特性上的个体差异,阈值测定特别有用。感官阈值数据常用于对评价员或评价小组特殊刺激的敏感性判断,即不同的绝对阈值可以反映人或小组的评价水平,同时化学物质引起人产生感官反应的浓度水平,也成了对其进行定量化评价的依据。

由于阈值是以物理强度单位来表示的,如产品中某化合物浓度单位 mol/L,这种表述就避免了评估标度或者感官评分的主观性。但是,阈值测定并不比其他感官技术更可靠或准确,而且测量起来通常劳动强度很大。

在实际应用的方法中,绝对阈值仅仅被看成是差别阈值的一个特殊形式。阈值检验可以考虑为区别(简单差别)检验的一个特殊形式,观察者的任务就是证明他们能从某一背景中区分出某一非常低水平的风味。当这一背景是某些中性刺激,没有明显的味觉或嗅觉时,举例来说,一种稀释液或蒸馏水,能够被区分的最低水平可以称为察觉阈。测量值由不同的心理物理学方法得到不同的定义,因此,没有一个固定值具有超越其所用测定方法的含义。例如,在极限法中阈值定义为 50%试验有阳性反应时的值,然而在一些必选方法中,它却是相对一个空白刺激以高于随机表现水平的 50%而得到的正确区分时的值。所以,经验定义只是所用方法的部分说明。在检验中由于选择的方法不同,对参与者的任务难度不同,评价某一物质的阈值也不固定。此外,不管是在一个群组中还是在个人的重复测量中,在该条件下,个人的可变性对于认为阈值是一个固定值的想法提出了挑战。比如,某个人的稳定嗅觉阈值是非常难以测量的。即使是同一个体,阈值一般也会随着实践的增多而降低,叠加在这一实践上的效应表面上是一个高水平的随机波动。

利用阈值测定来做出产品判断的感官评价工作者需要知道这种方法的不足之处。首先阈值只是统计学概念,在概念意义上可能并不存在。信号检测理论提醒我们,信号和声在持续方式上存在差异,而感觉中的不连续性可能是一种理想化的概念,美妙却不实际。任何现代的阈值概念都是一个数值范围,而不是单一的点。阈值如此多地依赖于测量条件,以至于它们并不是作为一个具有任何生理学意义的固定的点而存在。例如,随着稀释液纯度的增加,味觉阈值会降低。所以,真正绝对味觉阈值的测量(如果这样的事情确实存在的话)要求水是无限纯的。阈值不是以这种抽象意义存在的,而只是作为在我们的方法和报告上可能需要的一个有用的概念。

感官评价专业人员在工作中遇到阈值测定方法时,需要明确以下原则。首先,阈值取决于测量方法。方法上似乎无关紧要的变动会改变所得到的结果。其次,阈值分布并不总是符合常态的钟形曲线。由于遗传上的缺陷(比如特定的嗅觉缺失),经常会有无感官反应的人和可能的不敏感情况。阈值检验容易得到非常高的个体的可变性和很低的可靠性。某一个体在某一天的阈值测定值并不一定是这个人的稳定特性。实践作用意义深远,阈值可能经过一段时间会稳定。但是,群体平均阈值是可靠的,并且为刺激生物活性提供了一个有用的指数参考。阈值的测定方法很多,极限法是食品感官检验中常用的同等食品属性(甜度等)的测定方法。

4.5 描述性分析检验

描述性分析检验(descriptive analysis evaluate)是感官检验中最复杂的一种方法,它是由接受过培训的评价员对产品的感官性质进行定性和定量区别描述的技术。该法适用于一个或多个样品,能够同时定性和定量地表示一个或多个感官指标,如外观、嗅闻的气味特征、口中的风味特征、组织特性等。描述性分析检验得到的结果不但能提供食品的详细信息,而且能精确分析一系列不同产品感官之间的具体差异、贮存条件对其货架期的影响及获得食品化学性质和感官特征之间的相关性,有利于保证与提高产品的质量。

该法根据感官所能感知到的食品各项感官特征,用专业术语形成对产品的客观性描述。描述性分析检验法是感官科学家的常用工具,所采用的是与差别检验等完全不同的感官评价原则和方法。根据这些方法,感官科学家可以获得关于产品完整的感官描述,从而帮助他们鉴定产品基本成分和生产过程中的变化,以及决定哪个感官特征比较重要或可以接受。

描述性分析检验法要求评价产品的所有感官特性,包括:外观色泽,嗅闻的气味特征;品尝后口中的风味特征,味觉、嗅觉及口腔的冷、热、收敛等知觉和余味;产品的组织特性及质地特性,包括机械特性中硬度、凝结度、黏度、附着度和弹性 5 个基本特性及碎裂度、固体食物咀嚼度、半固体食物胶黏度 3 个从属特性;产品的几何特性,包括产品颗粒、形态及方向特性,是否有平滑感、层状感、丝状感、颗粒感等，以及反映油、水含量的油感和湿润感等特性。

描述性分析检验依照检验方法的不同可分为一致方法和独立方法两大类型。独立方法小组组织者一般不参加评价，评价小组意见不需要一致，由评价员先在小组内讨论产品的风味，然后由每个评价员单独工作，记录对食品感觉的评价成绩，最后由评价小组组织者汇总分析这些单一结果，用统计学的平均值，作为评价的结果。一致方法在检验中所有的评价员（包括评价小组组长）是一个集体，目的是获得一个评价小组赞同的综合结论，使对被评价的产品风味特点达到一致的认识。最后由评价小组组织者报告和说明结果。在一致方法中，评价员先单独工作，按感性认识记录特性特征、感觉顺序、强度、余味和滞留度，然后进行综合印象评估。当评价员完成剖面描述后，就开始讨论，由评价小组组织者收集各自的结果，讨论到小组意见达到一致为止。为了达到意见一致，推荐参比样时评价小组要多次开会。讨论结束后，由评价小组组织者作出包括所有成员意见的结果报告，报告的表达形式可以是表格或图。

描述性分析检验适用于一个或多个样品，可以同时评价一个或多个感官指标。例如，定义新产品开发中目标产品的感官特征；定义质量管理、质量控制及开发研究中的对照或标准的特征；在进行消费者检验前记录产品的特征，以帮助选择《消费者提问表》里所包括的特征，在检验结束后说明消费者检验结果；追踪产品贮存期、包装等有关感官特征随时间变化而改变的规律；描绘产品与仪器、化学或物理特性相关的可察觉的感官特征。

描述性分析检验要求准确地使用语言描述样品感官性状，要求评价员具有较高文学造诣，对语言的含义有正确的理解和恰当使用的能力。但是，关于食品的风味，却几乎很少能用准确的术语来描述。比如描述为“像新鲜焙烤的面包，闻起来味道很好”，或者“像止咳糖浆，味道不好”等，都是模糊、朦胧的。颜色以蒙塞尔标准为坐标，同样我们希望研究食品风味时，能有准确定义（最好与参考标准相符）的科学语言，这些科学语言经常用于描述与所研究的产品有关的所有感官的感觉。例如仅仅对于描述白酒香气的程度术语就有无香气、似有香气、微有香气、香气不足、清雅、细腻、纯正、浓郁、暴香、放香、喷香、入口香、回香、余香、悠长、绵长、协调、完满、浮香、芳香、陈酒香、异香、焦香、香韵、异气、刺激性气味、臭气等。

4.5.1 风味剖面法

风味剖面法（flavor profile，FP）是最早的定性描述分析检验方法。这项技术于20世纪40年代末至50年代初建立并发展，最早被人们用于描述复杂风味系统。这个系统测定了谷氨酸钠（味精）对风味感知的影响。多年来，FP已不断地改进，最新的FP被称为剖面特征分析。

风味剖面法可用于识别或描述某一样品或多个样品的特性指标，或将感受到的特性指标建立一个序列，常用于质量控制、贮存期间的变化或者描述已经确定的差异检测，也可用于培训评价员。风味剖面法的方式通常有自由式描述和界定式描述。前者由评价员自由选择自己认为合适的词汇，对样品的特性进行描述；而后者则是首先提供指标检查表，或是评价某类产品的一组专用术语，由评价员选用其中合适的指标或术语对产品的特性进行描述。

风味剖面法用于描述产品和对产品本身进行评价，可以通过评价小组成员达成一致意见后获得。风味剖面法考虑了一个食品系统中所有的风味，以及其中个人可检测到的风味成分。这个剖面描述了所有的风味和风味特征，并评估了这些特征的强度和整体的综合印象。该技术提供一张表格，表格中有感知到的风味、感知强度、感知顺序、感知余味及整体印象。如果对评价小组成员的训练非常好，这张表格的重现性就非常好。试验的组织者要准确地选取样品的感官特性指标并确定合适的描述术语，制订指标检查表，选择非常了解产品特性且受过专门训练的评价员和专家组成5名或5名以上的评价小组进行品评试验，根据指标表中所列术语进行评价。评价小组成员需要通过味觉区分、味觉强度区分、嗅觉区分和描述等生理学试验来选择。在准备、呈现、评价等过程中使用标准化技术，在2~3周的时间内对评价人员进行训练，让他们能精确地定义产品的风味。

评价人员对食品样品进行品尝后，把所有能感知到的特征，按芳香、风味、口感和余味，分别进行记录。展示结束后，评价小组成员对使用过的描述术语进行复习和改进。在训练阶段产生每个描述术语的参比标准和定义。使用合适的参比标准，可以提高一致性描述的精确度。在训练的完成阶段，评价小组成员已经为表达所用的描述术语强度定义了一个参比系。在评价小组成员单独完成对样品感官属性、强度、感知顺序、余味的评价后，评价小组组织者可以根据评价小组的反应组织大家讨论，最终获得一致性的结论（即风味剖面）。该方法的结果通常不需统计分析。

风味剖面分析是一种一致性的技术，所使用的标度主要是数字和符号，不能进行统计分析，属于定性描述分析方法，因此评价过程中评价小组组长的作用非常关键，应该具有对各评价员的反应进行综合和总结的能力，必须能协调评价员之间的关系，领导整个评价小组朝着完全一致的观点发展。但是评价小组的意见很可能被小组中地位较高的人或具有“说了算”性格的成员或组长所左右，而其他评价员的意见得不到体现，这是风味剖面检验法最大的不足。但风味剖面法最大的优点是方便快捷，在测试人员聚集之后，品评的时间大约为 1 h，由评价人员对产品的各项性质进行评价，然后得出综合结论。为了避免试验结果不一致或重复性差等问题，可以加强对评价人员的培训，并要求每个评价人员都使用相同的评价方法。

4.5.2 定量描述分析法

定量描述分析法（quantitative descriptive analysis，QDA）是在风味剖面法和质地剖面法的基础上发展起来的一种描述分析方法。20 世纪 60 年代质地剖面法的创立，刺激了更多的研究者对描述分析技术的兴趣，尤其是旨在克服风味剖面法和质地剖面法缺点的方法，如风味剖面法（包括早期的质地剖面法）不用统计分析，提供的只是定性信息，使用的描述词汇都是学术词汇等。在这种情况下，美国的 Targon 公司于 20 世纪 70 年代创立了定量描述分析法，克服了风味剖面法和质地剖面法的一些缺点，在数据处理过程中引入统计分析。

定量描述分析由 10~12 名经过筛选和培训的评价员组成评价小组，对一个产品能被感知到的所有感官特征，即强度、出现顺序、余味和滞留度以及综合印象等进行描述，使用非结构化的线性标度，描述分析的结果通过统计分析得出结论，并形成蜘蛛网形图表。定量描述分析方法可以为产品提供一份完整的文字描述。

与风味剖面法和质地剖面法类似，在正式试验前，首先要通过味觉、味觉强度、嗅觉区分和描述等试验对评价员进行筛选，评价员要具备对试验样品感官性质差异进行识别的能力，然后进行面试，以确定评价员的兴趣、参加试验的时间以及是否适合进行小组评价这种集体工作。

筛选出来的评价员要进行培训。首先是建立描述词汇，召集所有的评价员，提供有代表性的样品或参比标准品，评价员对其进行观察，然后每个人对产品进行描述，轮流给出描述词汇，由评价小组的组长将描述词汇进行汇总，以确认所有的感官特征都被列出。然后大家分组讨论，对形成的描述词汇进行修订，并给出每个词汇的定义。重复 7~10 次，最后形成一份大家认可的带定义的描述词汇表。通过以上过程形成的描述词汇有时会达到 100 多个，虽然对描述词汇的数量没有限制，但在实际应用中，还是会通过合并、删减等方式将描述词汇减少到

50%,因为不同的人对相同性质的描述可能使用不同的词汇,为避免重复,有必要根据定义进行合并。

描述词汇表建立的过程中评价小组组长只起组织的作用,不会评论小组成员的发言,不会用自己的观点影响小组成员,但小组组长可以决定何时开始正式试验。有时描述词汇是现成的,如在食品公司,对其主要产品已经形成了一份描述词汇表,这种情况下只需评价员对描述词汇及其定义进行熟悉即可,过程较快,一般只需 2~3 次,每次历时 1 h。对于正式试验前的培训时间,没有严格的规定,可根据评价员的素质和评价的产品自行决定。

培训结束后,要形成一份大家都认可的带定义的描述词汇表,供正式试验使用,而且要求每个评价员对其定义都能够真正理解。正式试验时,评价员单独评价样品,对产品每项性质(每个描述词汇)进行打分。使用的标度通常是一条长为 15 cm 的直线,起点和终点分别位于距离直线两端 1.5 cm 处,一般是从左向右强度逐渐增加,评价员就是在这条直线上做出能代表产品该项性质强度的标记,也可以使用类项标度,试验重复三次以上。试验结束后,将标度上的刻度转化成数值输入计算机。每个评价员的评价结果集中进行方差分析,试验结果通常以蜘蛛网图来表示,由图的中心向外有一些放射状的线,表示每个感官特性,线的长短代表强度的大小。

4.5.3 质地剖面法

质地剖面分析(texture profile analysis)是通过系统分类、描述产品所有的质地特性(机械的、几何的和表面的)以建立产品的质地剖面。此法可在再现的过程中评价样品的各种不同特性,并且用适宜的标度刻画特性强度。本方法可以单独或全面评价气味、风味、外貌和质地,适用于食品(固体、半固体、液体)或非食品类产品(如化妆品),并且特别适用于固体食品。

(1)质地剖面的组成

质地剖面的组成根据产品(食品或非食品)的类型,质地剖面一般包含以下方面:可感知的质地特性,如机械的、几何的或其他特性;特性显示(时间)顺序可列为咀嚼前或没有咀嚼、咬第一口或初始阶段、咀嚼或第二阶段、剩余阶段、吞咽阶段;强度,即可感知产品特性的程度。下面展开讨论。

产品的机械特性通常包括两层特性或参数,第一层包括五种:硬度,常使用软、硬、坚硬等形容词;黏聚性,常使用与易碎性有关的形容词,有已碎的、易碎的、破碎的、易裂的、脆的、有硬壳等,常使用与易嚼性有关的形容词,嫩的、老的、可嚼的，常使用与胶黏性有关的形容词，松脆的、粉状的、糊状的、胶状等；黏度，常使用流动的、稀的、黏的等形容词；弹性，常使用有弹性的、可塑的、可延展的、弹性状的、有韧性的等形容词；黏附性，常使用黏的、胶性的、胶黏的等形容词。第二层包括三种，与五种基本参数具有一定的关系：易碎性，与硬性和黏聚性有关，脆的产品中黏聚性较低而硬性可高低不等；易嚼性，与硬性、黏聚性和弹性有关；胶黏性，与半固体的（硬度较低）硬性、黏聚性有关。

产品的几何特性是由位于皮肤（主要在舌头上）、嘴和咽喉上的触觉接收器官来感知的，这些特性也可通过产品的外观看出。粒度是感知到的与产品微粒的尺寸和形状有关的几何质地特性，类似于说明机械特性的方法，可利用参照样来说明与产品微粒的尺寸和形状有关的特性，如光滑的、白垩质的、粒状的、沙粒状的、粗粒的等术语构成了一个尺寸递增的微粒标度。构型是可感知到的与产品微粒形状和排列有关的几何质地特性，与产品微粒的排列有关的特性体现产品紧密的组织结构。其他特性，与口感好坏有关的特性同口腔内或皮肤上触觉接收器感知的产品含水量和脂肪含量有关，也与产品的润滑特性有关。含水量是一种表面质地特性，是对产品吸收或释放水分的感觉。用于描述含水量的常用术语不但要反映所感知产品水分的总量，而且要反映释放或吸收的类型、速率及方式。这些常用术语包括：干燥（如干燥的饼干）、潮湿（如苹果）、湿的（如荸荠、贻贝）、多汁的（如橘子）。脂肪含量是一种表面质地特性，它与所感知的产品中脂肪的数量和质量有关，与黏口性和几何特性有关的脂肪总量及其熔点与脂肪含量一样重要。建立起第二参数，如"油性的（反映了脂肪浸泡和流动的感觉，如调味色拉）""脂性的（反映了脂肪渗出的感觉，如腊肉、炸马铃薯片）"和"多脂的（反映了产品中脂肪含量高但没有脂肪渗出的感觉，如猪油、牛羊脂）"等以区别这些特性。

质地的显示顺序或呈现的时间顺序为：咀嚼前或没有咀嚼时，通过视觉或触觉（皮肤/手、嘴唇）来感知所有几何特性及水分和脂肪特性；"咬第一口"或初始阶段，在口腔中感知机械和几何特性，以及水分和脂肪特性；"咀嚼"或第二阶段，即在咀嚼和/或吸收期间，由口腔中的触觉感受器来感知特性，如胶黏性、易嚼性等；"剩余的"或第三阶段，即在咀嚼和/或吸收期间产生的变化，如破碎的速率和类型等；吞咽阶段，对吞咽的难易程度及口腔中残留物进行描述。

质地剖面技术在不断的发展过程中，为降低评价员之间的差异，使产品可以和已知物质直接比较，使用了标准等级标度对每种质构特性进行评价，采用特定的参比物质来固定每个标度值，还固定了每个术语的概念和范围。比如，硬度标度中,硬度测定的是样品达到某种变形所需的力。在具体的评价中,对于固体样品,将其放在臼齿之间,然后用力均匀地咬,评价用来压迫食品所需的力;对于半固体样品,评价用舌头将样品往上挤压所需的力。标准评估标度的数量也在不断增加,质地剖面法有各种长度的标度,如咀嚼标度的 7 点法、胶质标度的 5 点法、硬度标度的 9 点法,还有 13 点法、14 点法和 15 点法等。除此之外,还有线性标度和量值估计标度,具体方法根据试验的具体情况而定。因此,特定的标度、参比物质和对术语的定义是质地剖面分析的 3 个重要工具。

(2)质地剖面检验的过程

进行质地剖面检验时,首先要进行评价员的筛选,然后进行面试和训练。评价员的筛选要通过质地差别的识别试验,以便清除潜在的有假牙和没有能力区分质地差别的成员。评价员的面试主要是对兴趣、可使用性、态度和交流技巧进行评价。在评价小组的训练期间,要使用足够的样品和参比物质,向评价员讲授一些质地和质地特征的基本概念及质地剖面的基本原理,比如什么是咀嚼性,产生原理,如何得到这个参数等。训练评价员使用统一不变的方式,使用标准评估的标度,通过这个学习可以使评价员掌握规范一致的测量各种质地的方法。评价小组成员将面对大量的不同食品和参比标度,通过重复评价参比标度上各代表点的参照样品来研究每一特性,使评价员理解和熟悉标度,然后评价员再评价参照标度上各代表点除外的一系列产品,并按标度分类。这些练习可能十分广泛,长达几个月,评价小组之间任何的不一致都要进行讨论和解决。

和风味剖面法一样,质地剖面的评价员也要对选择的描述词汇进行定义,同时规定样品品尝的具体步骤。培训结束后,评价小组使用建立的标度和技术进行产品评价。试验结果的得出方式有两种,一种是先由评价员单独评价样品,然后集体讨论产品特性与参照样品相比应得的特性值,并达成最终的一致;而后来的情况发展成在培训结束之后形成大家一致认可的描述词汇及其对描述词汇的定义,供正式试验使用,正式评价时由每个评价员单独品尝,最后通过统计分析得出结果。从收集到的资料来看,采用统计分析的占多数。

(3)质地剖面法的特点

采用特定的参比物质固定标准等级标度上的每个标度值,对标度的定义也进行了修饰和具体化,降低了评价员之间的差异,同时也为仪器测量提供了条件。但事实上,使用产品对标度进行固定也存在问题,变异性无法完全消除。

第一,选定的参比物质并不是非变量,基于市场和其他方面的考虑,它们会随时间发生变化。并且,测试人员对参比样品的喜好程度也会对响应行为产生很大影响。另外,测试过程中广泛使用参比样品会引发感官疲劳。

第二,如何把质地特征从产品的其他感官特征(如色泽、风味等)中分离出来也存在一定的困难。通常各种感觉之间会产生相互影响,不记录某些感官特征并不表示不会被感知。在感官评定过程中,评价员可能通过其他感官特性来了解质地特征感觉,这样会导致变异性增加和灵敏度降低。此外,其他感官特性所引起的感觉也会影响对质构特征所产生的感觉,反之亦然。各种感官特征不管如何分类记录,在评价过程中都存在相当大的重叠。因此,评价员若能认识到方法的局限性,再联系其他感官信息一起对测试结果进行评价可能更合适。

第三,在质地剖面分析中,预先给评价员指定所用质构项(如咀嚼性、硬度、弹性等)的方法本身存在风险,即很可能忽略某种感觉或用几个所列词汇来代表某种特定感觉。质地特征分类往往是通过调查获得的,但也并不能完全反映出特定产品的质地特征感觉。这与属性正确与否无关,涉及的是风险方面的问题。使用一组特定的属性对测试人员进行培训,把所得的感官响应与仪器分析结果进行比较,可得出高度一致性或重现测量的可信度。

4.5.4 其他方法

(1)自由选择剖面法

自由选择剖面法(free choice profiling,FCP)是由英国科学家 Williams 和 Langton 于 1984 年创立的一种新的感官描述分析方法。这种方法和上述其他描述分析方法有许多相似之处,但也具有两个明显不同于其他方法的特征。

第一,描述词汇的形成采用全新的方法,不需要对测试人员进行任何筛选和培训。自由选择剖面分析中,评价员用自己的语言对产品特性进行描述,从而形成一份个人喜好的描述词汇表。每个评价员可以用不同的方法评价样品,可以触摸、品尝或闻,可以评价样品的外形、色泽、表面光滑程度或其他特征,而不需要广泛训练评价员形成一致性的词汇描述表。正式试验时,评价员单独评价样品,自始至终使用自己的词汇表,在一个标度上对样品进行评估。

第二,自由选择剖面法数据的统计分析使用一种称为广义普洛克鲁斯忒斯分析法(gem-eralized procrustes analysis,GPA)的分析过程,通常在一个二维或三维的空间中,为每个独立的评价员提供一个所得数据的一致图形。有可能获得一个三维以上空间的普洛克鲁斯忒斯解答,但这些结果通常很难解释。在某种意义上,普洛克鲁斯忒斯分析也可以从独立的评价员中,得到强制适合单一一致空间的数据矩阵。每个评价员的数据转化成单个的空间排列,然后各个评价员的排列数据通过普洛克鲁斯忒斯分析，匹配成一个一致的排列，这个一致性排列可以用单个描述词汇的术语来说明，同时，感官科学家也可以测定不同评价人员使用的不同术语如何在内部发生联系。总的来说，FCP 分析中，各评价员使用的描述词汇很不一致，常用的方差分析、主成分分析等统计分析方法都不能使用，而 GPA 分析方法并未普遍使用，大家对其了解有限。

自由选择剖面法的设计初衷是使用未接受过培训的评价员，节省人员筛选和培训的时间，加快试验速度，减少花费。但是 FCP 分析要为每个评价员创造一份不同的选票，也需要花费大量的时间。另外，每个评价员使用个人喜好的描述词汇对产品进行评价，很可能会导致独特的风味特征来源难以解释或根本无法解释。比如一个评价员可能用“野营”来描述产品的风味特征。研究人员就不得不猜测评价员指的是“野营”的哪个方面，是树木的气味、腐败的树叶、营火的烟雾等。如果这个描述和其他评价人员所用的腐烂的、泥土的、脏的等描述词汇出现在相同的地方，那么科学家对特定评价员评价的风味特征就有了一条线索。但单个评价员使用的所有词汇中，肯定会有没有任何与其来源有关的线索，可以想象这个过程中存在许多不同的设想和可能的解释，困难相当大。并且，如果使用受过培训的评价员进行自由选择剖面分析，则试验费用与时间并不会降低和减少。

(2)偏离参照法

偏离参照法是利用一个参照样品，把其他所有样品与其对比后进行评价，以参照为中点的差异程度标度。参照经常归为一个样品(定义为参照)，并作为主体可信度的一种内部测定。评价结果与参照有相关性。用特定描述符号，评分比参照少的样品，用负号表示；而比参照多的样品，则用正号表示。Larson-Power 和 Pangborn 认为偏离参照标度在描述性分析研究中，提高了反应的精确度和准确度。而 Soer 和 Laes 发现这种方法不一定会增加精确度。他们认为这种方法最好用于难以区分的样品间差异，或对象研究包括一个有重大意义的参照对比时。一个有重大意义的参照可能是一个控制样品，用这样一种方式加以固定，以便与进行加速货架寿命实验的样品比较时不发生改变。

(3)强度变化描述法

Gordin 建立了强度变化描述法，提供消费样品时描述性特征强度变化的信息，特别是可以用这种方法对香烟燃烧过程中发生的感官特征变化进行定量描述。这种产品不适合采用传统的时间—强度和传统的描述性方法，因为在吸烟评估中的易变性将不能使香烟的相同部分，在同一时间框架内被所有的评价员所评价。将评价员的评价集中在产品的特定位置内,而不是在特定的时间间隔内。用记号笔在香烟杆上画线,将香烟分成几个部分。通过一致性意见,评价员得到香烟的每个标记部分进行评价的特征。评价员的训练、选票产生和数据分析是一套标准的描述性方法。这种方法只适用于香烟的评价,但可以调整以便适用于其他产品。

(4)动态风味剖面法

动态风味剖面法是描述性分析和时间—强度方法组合的延伸。如 Derovira 所描述的,训练评定人员对 14 种气味和味道组分(酸、酯、生青味、类萜、花、香料的、褐色风味、木头的、乳酸的、含硫、咸、甜、苦味和发酵的)强度的感知能力。数据由等容积的三维法图像表达,其中任何特定瞬间在这个图上的横截面都将得到这个瞬间的一个蜘蛛网剖面图。

4.6 感官评价的 50 条经验法则

(1)中心原则

①感官评价任务决定感官评价的一切。食品感官评价方法的选择、人员的选择、评价过程、注意事项,归根到底是由具体研究的对象和任务决定的。人们需要根据评价任务和指标属性,来选择方法并进行试验设计和最后的实施。

②精准的分析型感官评价需要熟练且具相似感官评价能力的感官评价人员进行评价。分析型感官评价需要真实反映客观情况,需要准确性和结果的可信度,不需要反映评价者的主观意愿,所以它要求评价者最好具有相似的感官鉴别能力和评价经验,这就像仪器分析的重现性,重现性好,才能保证试验中的误差小。

(2)随机原则

①样品编号应采用 3 位随机数字编码,以免产生偏见。

②呈送样品的排列次序应随机或平衡排列,每个样品出现在相应位置上的概率均等以避免人为影响,或克服样品间相互干扰的影响。

③在评价过程中,专家之间应独立评价,不应有任何互相影响干扰,描述分析中的一致法除外。

(3)感知原则

①注意味觉与嗅觉物质间的相互影响,各个混合感官成分在一定范围内会部分地相互抑制,因此,在相同浓度下,一个感官成分在复合产品中所感受到的

强度往往比单独品评时低。

②注意感官适应现象,它是指在连续对嗅觉或味觉的刺激时会导致反应灵敏度降低的现象。

③注意正确区分味觉与嗅觉,许多未经训练的人容易混淆味觉和嗅觉,常将口中挥发物的嗅觉误认为是味觉,因此培训或经验会更加重要。

④一般评价人员或消费者对滋味和香味的反应常常是一种整体的感觉,而训练有素的专业人员则能够进行进一步分析各种具体的滋味和具体的香味,包括其出现的先后次序、强弱、持续时间等,这对于描述分析非常重要。

(4)敏感原则

①当有较合适的参照物,且检验对象与参照物相似时,一般认为二-三点检验比三点检验更敏感,原因是评价人员熟知参照产品,容易发现试验样品和参照产品间的不同,而且相对而言,判断两个产品的时间比判断三个产品的时间短,不容易产生感官适应现象,但前提是有适合的参照样品。

②当针对食品具体属性进行评价时,应首先选择检验更敏感的方法,比如成对比较检验。相反,在进行总体差别的综合评价时,由于需要进行全面判别检验,往往会忽视关键属性,只要求判断产品间的相对差别而不是比较差别强度,因此,总体差别检验多选用灵敏度相对较低一点的检验方法,如三点检验,即只偏重比较差别而非强度。

③如果样品特性易导致感官疲劳,则可以减少检验样本量。如果不存在疲劳问题,则应该考虑相对较多评价样品数量的评价方法,其试验结果具有更可靠的统计学解释。

④多重检验可通过χ^2分析检验,对所预期的0、1或2校正选择的概率检验其观察频率。重复检验了可选择用于检验变量且当变量满足要求时可进行组合。

(5)合理原则

①评价感官差异的工具选择取决于其差异的绝对级别,对于样品细微差异的感官评价,不管是单一属性还是总体差异,一般采用间接衡量方法,即差别评价法。对于评价属性存在着较大的差异时则宜用直接评价法,如描述分析法等。

②属性越简单,则应选择越精确的标度方式,但如果是对样品的多个属性进行综合评价,则需要将各个方面的内容组合起来,很难找到适合的精确的标度方式,则多选择概括性的标度方式,如排序试验、评分试验等。

③人的感觉器官是感官评价的"仪器",具有灵敏、可靠和直接的特点,但只适合做相对的感官评价,不适合做绝对评价,根本原因是感官评价的结果是一种

感觉,不是物质的绝对含量。因而感官评价用于做绝对评价时效果很差,且所有标度必须由参照样品通过“仪器”来确定,对样品的评价则是在和参照样品的相互比较中得出。

④培训可提高评价员对标度使用的稳定性。同一样品在不同的试验中可能会获得不同的试验结果,因为评价员会受到参比样品和试验样品的相互影响而自行调整评价标准。

⑤测量排序是感官评价常用的标度方法,也就是试验中常用的评分排序,这种标度方式利于统计分析,不过这种标度方式如果出现感官评价值正好在级与级交界的情况,则偏差较大。

⑥非标记的检验栏标度较数字分类标度可获得更好的试验效果,因为数字分类标度容易引起部分评价员的数字偏见和喜好,影响试验的精确性。

⑦类项标度和线性标度对试验结果的判断,效果基本相同,但类项标度可能会造成一些过高估计,特别是以消费者为评价员的试验中,数据往往偏高(包含较高的离群值)。

(6)技巧原则

①简单、基础性的术语比由许多单个属性组成的复杂术语更精确,对于组合性术语评价员会较难形成准确的理解和把握,更难在各个评价员间形成一致的理解和把握,因而容易产生评价误差。

②成立正式评价小组之前,应对各评价员进行严格的考核和筛选,筛选的标准是对产品种类差别的敏感度以及对产品属性的把握水平,选择具有相似的术语理解能力和标准把握能力的人员,组成正式评价小组。

③评价小组对评价术语的定义十分清楚,且具有相似的理解和把握,无论是以文字形式还是由参比样品标准得到的物理形式的术语。

④在正式评价实施之前,应当通过试验并进行统计分析,获得评价小组对术语和相应定义,以及用于强度判断的参比样品的一致意见,方可进行正式评价试验。

⑤描述分析的评价小组在培训过程中,必须反复对同一样品进行试验,以提供统计强度和缩小检验评价小组成员的个体差异。

⑥描述标度的最终定位必须是感官可行的,如果一些产品完全没有某种属性则应在级别低的一段注明“全无”。

(7)可接受性检验

①在食品感官评价中,常用“可接受”和“可接受性”来记录对食品喜好或厌恶及其程度的感官评价结果,常用于“偏爱”评定试验。“偏爱”是从两个或两个

以上的样品中挑选自己喜爱的产品，代表主观的消费意愿或情感。

②“排序、分级”是感官评价常遇到的情形，是对多个样品的某些属性或综合属性按照一定的方向（由强到弱或由弱到强）进行秩序排列，是一种相互比较的结果，是可接受性的相对分级，并不代表对样品“可接受性”的评估，即使排在第一位的样品也未必是评价员喜爱的产品。

③“偏爱检验”比“排序、分级”更敏感，虽然无法从理论上给予证明，但是实践经验支持这一观点。此外，即使在两种产品可能都不被喜欢的情况下，“偏爱”则还可以在这两者之间选出较好的产品。因此可接受性试验数据所包含的信息更丰富，而且偏爱检验本身常根据可接受性分级试验得出结论。

④在“可接受性”评价中，对称的九点快感标度是一种良好的评价工具，其有效且灵敏。

⑤在“可接受性”评价中，做出无偏爱的选择很难，而且实际可操作性较差，所以一般不要求做“无偏爱”记录，如果必须做出“无偏爱”选择的话，需在做出无偏爱结论的同时，附上一个关于“偏爱”范围的说明。

(8)情感检验与调查问卷

①接受消费者试验的感官评价员应是所研究产品的真实消费者，并且具有一定的产品消费频率。

②为了避免参与消费者试验的感官评价员被问到一些没有考虑过的属性而产生偏差，应首先询问一些总体意见的问题，然后再针对具体属性和情况进行调查或分开设计问题，即设计问题的先后次序是由概括性问题到具体问题。

③调查时应询问评价员比较了解的问题，这样会获得更多信息，要保持提问的简单与直接，便于消费者理解和回答。

④在设计无限制性问题的提问时，应注意其局限性，这类问题有利于言语表达能力强、反应敏捷的评价小组，并且有利于组织者获得评价员真实的想法或感官体验，但在后期的资料汇总和统计或总结时则受到限制，难以获得一致、公认的结论。

⑤在设计限制性选择题（限定选择项）时，应包括相互排斥和相互补充的选项。

⑥对于任何消费者感官评价的问卷设计，都需要进行预试验，以便发现问题，及时修正，这对完善问卷内容是非常重要且必需的。

⑦消费者试验还可以以家庭检验的方式进行，但易受家庭成员间的相互干扰。

⑧消费者测试可以选择中心地区居民进行测试，其好处在于试验容易进行，

易挑选到符合某些要求的评价员，具有较高的可控性、可信度，但在中心地区的人们也易受相互间的以及社会思维、潮流等方面的影响，不完全具有代表性。

(9)品质调查

在产品品质调查研究过程中，应根据情况，适时开展研究小组成员关于产品品质特性的研讨活动，这对于产品研发、确定感官评价方法和内容、建立评价标准和术语都非常重要，还有助于设计消费者试验时的问卷等工作。

(10)统计设计分析

①对于试验结果中包含偏高的数据或含较高离群值的数据，可采用中间值或几何平均值作为度量反映趋势，不宜采用算术平均值作为度量反应趋势。

②对于不成正态分布而成两边分布型的数据，不宜采用均值作为度量反应趋势，其代表性也较差，这种情况下适合用图描述或表示数据的分布。

③从统计学角度，试验设计应尽可能针对容易确立对照样的属性作为研究内容，以保证试验设计的严密性和完整性。

④由于感官评价过程中，每一位评价员在做出结果判断时，都是在经过样品间反复的相互比较和校正基础上得出来的判断，所以在试验设计时，应尽量保证评价小组的每位成员都能对所有样品进行评价，这样能获得更高的检验灵敏度，否则会因为缺少某些样品间的相互比较，而降低判断的准确度，进一步降低整个试验的灵敏度。

⑤保证每个评价人员均能评价所有产品的试验设计，还能使评价小组成员之间的差异能够容易地从整体误差中分离开来，从而提高检验的灵敏性。

⑥单侧检验适用于判别和对差别分级，双侧检验几乎适于其他所有检验，包括偏爱检验。

⑦试验设计中，尽量要保证有基准、空白或对照样，在某些设计中，基准、空白和对照样至关重要，没有这些样品，试验甚至无法进行，或根本没有实际意义。

(11)仪器校正

①校正曲线已建立，即人工感官评价结果和仪器检测数据间已经建立了相关模型或校正曲线，此时应使用仪器开展相关的感官评价。

②重复、疲劳或危险的评价工作，比如刺激性特别强烈或者后味特别持久等感官评价工作。

③从商业角度，某些食品的某些提醒需要数据，消费者可能更关心食品具体的成分含量，相对而言，并不主要在乎食品的感官品质，此时使用仪器分析显然更为合适。

4.7 感官分析方法标准汇总

感官分析方法国家标准与 ISO 标准汇总表如表 4-4 所示。

表 4-4 感官分析方法国家标准与 ISO 标准汇总

序号	ISO 标准	对应国标
1	ISO 3591：1977 Sensory analysis – Apparatus – Wine – tasting glass	
2	ISO 3972：2011 Sensory analysis – Methodology – Method of investigating sensitivity of taste	GB/T 12312—2012 感官分析 味觉敏感度的测定方法
3	ISO 3972：2011/Cor 1：2012 Sensory analysis–Methodology–Method of investigating sensitivity of taste – Technical Corrigendum 1	
4	ISO 4120：2004 Sensory analysis – Methodology – Triangle test	GB/T 12311—2012 感官分析方法　三点检验
5	ISO 4121：2003 Sensory analysis – Guidelines for the use of quantitative response scales	
6	ISO 5492：2008 Sensory analysis–Vocabulary	GB/T 10221—2012 感官分析术语
7	ISO 5495：2005 Sensory analysis – Methodology – Paired comparison test	GB/T 12310—2012 感官分析方法　成对比较检验
8	ISO 5495：2005/Cor 1：2006 Sensory analysis–Methodology–Paired comparison test–Technical Corrigendum 1	
9	ISO 5496：2006 Sensory analysis – Methodology – Initiation and training of assessors in the detection and recognition of odours	GB/T 15549—1995 感官分析方法学　检测和识别气味方面评价员的入门和培训
10	ISO 5497：1982 Sensory analysis–Methodology–Guidelines for the preparation of samples for which direct sensory analysis is not feasible	GB/T 12314—1990 感官分析方法　不能直接感官分析的样品制备准则
11	ISO 6658：2005 Sensory analysis – Methodology – General guidance	GB/T 10220—2012 感官分析方法学　总论

续表

序号	ISO 标准	对应国标
12	ISO 8586:2012 Sensory analysis-General guidelines for the selection,training and monitoring of selected assessors and expert sensory assessors	GB/T 16291.1—2012 感官分析　选拔、培训与管理评价员一般导则　第1部分:优选评价员
13		GB/T 16291.2—2010 感官分析　选拔、培训和管理评价员一般导则　第2部分:专家评价员
14	ISO 8587:2006 Sensory analysis-Methodology-Ranking	GB/T 12315—2008 感官分析方法学　排序法
15	ISO 8587:2006/Amd1:2013 Sensory analysis-Methodology-Ranking;Amendment 1	
16	ISO 8588:1987 Sensory analysis-Methodology-"A"-"not A" test	GB/T 12316—1990 感官分析方法　"A"-"非A"检验
17	ISO 8589:2007 Sensory analysis-General guidance for the design of test rooms	GB/T 13868—2009 感官分析建立感官分析实验室的一般导则
18	ISO 8589:2007/AMD 1:2014	
19	ISO 10399:2004 Sensory analysis-Methodology-Duo-trio test	GB/T 17321—2012 感官分析方法　二-三点检验
20	ISO 11035:1994 Sensory analysis-Identification and selection of descriptors for establishing a sensory profile by a multidimensional approach	GB/T 16861—1997 感官分析通过多元分析方法鉴定和选择用于建立感官剖面的描述词
21		
22	ISO 11036:2020 Sensory analysis-Methodology-Texture profile	GB/T 16860—1997 感官分析方法　质地剖面检验
23	ISO 11037:2011 Sensory analysis-Guidelines for sensory assessment of the colour of products	GB/T 21172—2007 感官分析 食品颜色评价的总则和检验方法
24	ISO 11056:1999 Sensory analysis-Methodology-Magnitude estimation method	GB/T 19547—2004 感官分析方法学　量值估计法
25	ISO 11056:1999/Amd 1:2013 Amendment 1:Sensory analysis-Methodology-Magnitude estimation method	

续表

序号	ISO 标准	对应国标
26	ISO 11132:2012 Sensory analysis-Methodology-Guidelines for monitoring the performance of a quantitative sensory panel	
27	ISO 11136:2014 Sensory analysis - Methodology - General guidance for conducting hedonic tests with consumers in a controlled area	
28	ISO 13299:2003 Sensory analysis - Methodology - General guidance for establishing a sensory profile	
29	ISO 13300-1:2006 Sensory analysis-General guidance for the staff of a sensory evaluation laboratory - Part 1: Staff responsibilities	GB/T 23470. 1—2009 感官分析　感官分析实验室人员一般导则　第 1 部分:实验室人员职责
30	ISO 13300-2:2006 Sensory analysis-General guidance for the staff of a sensory evaluation laboratory - Part 2: Recruitment and training of panel leaders	GB/T 23470. 2—2009 感官分析　感官分析实验室人员一般导则　第 2 部分:评价小组组长的聘用和培训
31	ISO 13301:2002 Sensory analysis - Methodology - General guidance for measuring odour, flavour and taste detection thresholds by a three - alternative forced - choice (3 - AFC) procedure	GB/T 22366—2008 感官分析　方法学　采用三点选配法(3-AFC)测定嗅觉、味觉和风味觉察阈值的一般导则
32	ISO 13302:2003 Sensory analysis - Methods for assessing modifications to the flavour of foodstuffs due to packaging	GB/T 25006—2010 感官分析　包装材料引起食品风味改变的评价方法
33	ISO 16657:2006 Sensory analysis - Apparatus - Olive oil tasting glass	
34	ISO 16820:2004 Sensory analysis - Methodology - Sequential analysis	
35	ISO 29842:2011 Sensory analysis - Methodology - Balanced incomplete block designs	

注:引自现行 ISO 感官分析国际标准与国家标准。

5　食品感官评价的应用

5.1　消费者试验

消费者购买行为由多种因素共同决定,因此在同类商品中会有不同的选择倾向。在首次购买时一般会考虑质量、价格、品牌、口味等特征。食品质量方面消费者主要考虑卫生、营养成分含量等;价格则关注单位购买价格、质量价格比等。现代食品市场营销往往在产品标识上表现产品的口味特征,比如巧克力的丝滑、薯片的香脆、酸菜方便面的酸爽等,这些口味特征也同样借助于消费者的感官体验。对于商品生产者,则更加关注消费者行为中的二次购买,在质量、价格与同类产品无显著差异的情况下,口味特征的表现更重要,这再次体现出食品感官评价工作的重要性,因为消费者感官试验能反映消费者的感受。

消费者感官试验是基于前期的感官分析方法和技术,针对消费者的喜好进行的试验,但其在实施时与专业感官评价环境的条件有很大区别,故其主要难点在于试验的设计,本部分重点讲解这些知识。

(1)消费者感官检验和产品概念检验的区别

新产品或已在市场上流通的产品要想获得消费者认可,一个非常有效的策略就是通过消费者感官检验,确定消费者对产品特性的感受,使产品更具竞争性和创造性。而与之不同但容易混淆的产品概念检验是市场研发人员通过向消费者展示产品的概念(内容常与初期的广告策划意见有些类似)了解消费者对产品感官性质、吸引力等的评价。

消费者感官检验有如下作用:一般在感官基础上,不通过广告或包装上的概念宣传就有可能确定消费者接受能力水平。而在进行投入较高的市场研究检验之前,消费者感官检验可以促进对消费者问题的调查,避免错误,并且从中可以发现在实验室检验或更严格控制的集中场所检验中没有发现的问题。最好在进行大量的市场研究领域检验或者产品投放市场之前安排感官检验。在隐含商标行为的基础上,可以借此筛选评价员。由目标消费者进行检验,公司可以获得一些用于宣传证明的数据。在市场竞争中,这些资料极其重要。

市场研究的“产品概念”检验按以下的步骤进行：首先，市场销售人员以口述或录像带等方式向参与者展示产品的概念，内容常与初期的广告策划意见类似；其次，询问参与者他们的感受，而参与者在产品概念展示的基础上，会期待这些产品的出现，这对市场销售人员是重要的策略信息；最后，销售人员会要求那些对产品感觉不好的人带些产品回家，使用以后再对产品的感官性质、吸引力以及相对于人们期望值的行为表现作出评价。消费者感官检验和产品概念检验区别如表 5-1 所示。

表 5-1　消费者感官检验和产品概念检验的区别

检验性质	消费者感官检验	产品概念检验
指导部门	产品研发部门	市场研究部门
信息的主要最终使用者	研究与发展部门	市场
产品商标	概念中隐含程度最小	全概念的提出
参与者的选择	产品类项的使用者	对概念的积极反应者

第一个区别是消费者感官检验就像一个科学试验，从广告宣传中独立进行感官特征和吸引力的检验，不受产品任何概念的影响。消费者把产品看作一个整体，并不对预期的感官性质进行独立的评价，而是把预期值建立为概念表达与产品想法的一个函数。他们对特征的评价意见及对产品的接受能力受到其他因素的影响。所以，消费者感官检验试图在除去其他影响的同时，确定他们对感官性质的洞察力。

第二个区别是参与者的选择问题。在产品概念检验中，进行实际产品检验的人一般只包括那些对产品概念表示有兴趣或反应积极的人。这些参与者显示出一种最初的正面偏爱，导致在检验中产品得高分。而消费者感官检验很少去考查参与者的可靠性，他们是各种产品类项的使用者（有时是偏爱者）。仅对感官的吸引力以及他们对产品表现出的理解力感兴趣，他们的反应与概念并不相关。

（2）消费者感官检验的类型

消费者检验主要针对以下过程：一种新产品进入市场；再次明确表述产品，也就是指主要性质中的成分、工艺过程或包装情况的变化；第一次参加产品竞争的种类；有目的的监督，作为种类的回顾，以主要评价一个产品的可接受性，是否优于其他产品。通过消费者感官检验,可以收集隐藏在消费者喜欢和不喜欢理由之上的诊断信息。根据随意的问题、强度标度和偏爱标度可以得出人们喜欢的理由。通过问卷和面试可以得到消费者对商标感知的认同、对产品的期望和满意程度的一些结果。消费者检验情况的多样性对最终评价有影响。如由于时间、资金或相关安全等方面的问题,消费者“模型”存在几种类型。

第一种是“消费者”群体可能由一些受雇者或当地的居民组成,由此带来的问题是不能确认群体是否最大程度地代表广大的消费者,给检验带来错误判断的风险。因此要考虑使用与目标市场相关的代表性消费群体。

第二种是使用“消费者”模型的检验类型是内部的消费者检验。例如,在公司中或研究的实验室中利用被雇用者进行感官检验,产生的问题是被雇用者对产品不是盲标,对所检验的产品可能有其他潜在的偏爱信息或潜意识。同时技术人员观察产品可能与消费者有很大的差别,他们完全着眼于产品特性的不同。可见应该筛选“消费者”模型,只有这个产品种类的使用者才能参与检验。如果不是有规律的使用者,没有资格预测产品的可接受性。

第三种是利用当地的消费者评价小组来进行检验,以节省时间和资源。可能包括从属于学校或俱乐部的团体,或事实上以就近原则的其他组织。社会团体可以进行集中场所检验,通过领导者或同等地位的人交换意见为产品和问卷的分布节省一些时间。由于再次利用“消费者”模型这样的评价小组,因此在寻找回答者及常规基础上的检验产品方面可以提供大量的便利条件,节省时间。

第四种是让消费者将产品带回家,在产品正常使用情况下进行产品感官检验。这种方法虽然花费较高,但能够提供大量有效的数据,同时对广告宣传也十分重要。消费者在家里食用某产品一段时间后,家庭各成员都可以评价产品的感官属性,然后形成一个总体意见。家庭使用为人们观察产品提供了有利的机会,能充分考虑产品的各项感官性质、价格、包装等,得到的信息量会更大。如对香气的检验,检验场所的不同会影响检验结果。如果在集中场所进行检验,由于放置时间较短,人们有可能对非常甜的或有很高强度的香味做出过高的评价;如果在家庭中长期使用该产品,这种香味就有可能因强度过大而变得使人厌烦;在实验室中进行吸气检验,高分产品也会让人产生疲劳感。因此,家庭使用检验能方便地得到与消费者检验预期相比更严格的产品评价。尽管消费者模型感官检验不能代表外部大部分的消费者,但这种方法可以提供有价值的信息。如果食品企业推出一款新产品且在运营和广告上投资巨大,只使用内部消费者检验会提高失败的风险,在多个区域实施家庭使用检验方案比持续进行真实消费者检验更安全有效。

(3)问卷设计的原则

检验的目标、资金或时间和其他资源的闲置情况,以及面试形式的合适与否决定研究手段的性质和确切形式。

①面试形式与问题。

让回答者自我表述的方式花费较低,但回答者可能无法探明问题,导致回答混乱或错误,不适于需要解释的复杂问题;电话访谈对于不识字的回答者非常有效,但复杂的多项问题一定要简短、直接,电话访谈持续的时间一般短于面对面的情况,对自由回答的问题可能只有较短的答案;与回答者面对面交流可以对消费者的行为进行观察,更深入地了解消费者的深层需要,为开发新产品或开展新的服务业务提供有效的信息,这种方法费用较高但效果明显。

②设计流程。

设计问卷时,首先要设计包括主题的流程图。要求详细,包括所有的模型,或者按顺序完全列出主要的问题。让顾客和其他人了解面试的总体计划,有助于他们在实际检验前,回顾所采用的检验手段。在大部分情况下应按照以下的流程询问问题:能证明回答者的筛选性问题;总体接受性;喜欢或不喜欢的可自由回答的理由;特殊性质的问题;权利、意见和出版物;在多样品检验和(或)再检验可接受性与满意或其他标度之间的偏爱;敏感问题。可接受性的最初与最终评价经常是高度相关的,但如果改变了问题的形式,就有可能出现一些冲突情况。例如,当单独品尝时,一个被判断为“太甜”的产品在偏爱检验中,实际上要比甜度合适的产品受到更多的偏爱。问卷中不同的主题可能会产生不同的观点。如上所述,在第一个可接受性的问题中,质地可能是压倒一切的问题,而当以后询问优先权时,便利性可能成为一个结论。这就产生了一些明显的前后矛盾,但它们是消费者检验中的一部分。

③面试准则。

感官专业人员参加面试要在内心保持几条准则。参与面试是获得如何在实践中进行问卷调查有利机会,同时,提供了与真正回答者相互影响的机会,以便正确评价他们的意见。这是一个需要花费时间的过程。

第一,通常指当时穿着合体,要进行自我介绍,与回答者建立友好的关系有益于他们自愿提供更多的想法。距离的缩短可能会得到更加理想的面试结果。第二,对面试时间保持敏感性,尽量不要花费比预期更多的时间。如果被问及,应告知回答者关于面试的耗时长短。这虽然会损害全体协议的比率,但也会缩短面试结束时间。第三，如果进行一场个人面试，请注意个人的言语，不要有不合适的迹象。第四，不要成为问卷的奴隶，要明白问卷只是回答的工具。当代理职员被告诫偏离主题时，项目领导要有更大的灵活性；而当人们认为他们需要放松时，可以接受偏离顺序，跳过去再重复一次。

④问题构建经验法则。

构建问题并设立问卷时，心中有几条主要法则。这些简单的法则可以在调查中避免一般性的错误，也有助于确定答案，反映了问卷想要说明的问题。个人不应该假设人们知道你所要说的内容，他们会理解这个问题或会从所给的参照系中得到结论。10 条法则如下：简洁，使用简单的语言，不要询问什么是他们不知道的，详细而明确，多个问题之间应该是独立的，不要引导回答者，避免含糊，注意措词的影响，小心光环效应和喇叭效应，预检验。

⑤问卷中的其他问题及作用。

问卷也应该包括一些可能对顾客有用的、额外的问题形式。普通的主题是关于感官性质或产品行为的满意程度。这点与全面的认同密切相关，但是相对于预期的行为而言，可能比它的可接受性要稍微多地涉及一些。典型的用词是："全面考虑后，你对产品满意或不满意的程度如何？"可用以下简短的 5 点标度：非常满意、略微满意、既不是满意也不是不满意、略微不满意以及非常不满意。由于标度很短且间隔性质不明确，因此通常根据频数来进行分析，有时会把两个最高分的选择放入被称为"最高的两个分数"中。不要对回答的选择对象规定整数值，不要假定数值有等间隔的性质。之后进行像 t 检验式的参数统计分析。

满意标度中的一些变化包括购买意向和连续使用的问题。购买意向难以根据隐含商标的感官检验来评价，因为相对于竞争中的价格与位置没有详细的确定。最好避免在信息的真空中试图确定购买意向。可以变换方式，采用短语表示一种伪装的购买意向问题。例如，连续使用的意向："如果这个产品在一个合适的价位上对你有用，有多少可能你会继续使用它？"一个简单的 3 点或 5 点标度在"非常可能"到"非常不可能"之间的基础上构建，无参数顺序分析如同简短满意标度的情况一样进行。消费者检验过程中也可以探查看法，常通过产品陈述评价的同意与不同意程度来进行。

⑥自由回答问题。

自由回答的问题很容易书写。在人们的感觉中并不存在偏见，回答者可以用自己的语言集中意见和判断的理由，没有建议明确的回答、主题或特性。自由回答的问题很适合于回答者在头脑中有准备好的信息的情况，但是面试者不能期望会出现所有可能的答案或提供一个清单。

自由回答问题还有一个与定性研究方法相类似的缺点。首先,它们难以编码及制成表格。如果一个人说这个产品是乳脂状的,而另一个说是光滑的,那么他们可能不能对同一感官特性作出反应,在特定的感官特性中就会出现不确定性,就像品尝描写为酸感、酸的或辛辣的。试验者必须确定作为同一反应的答案编码,否则结论就会变得太长,以至于很难观察主题的模式,答案也难以汇总。针对自由回答所带来的问题,有一种对立方式是粗略地提供封闭选项问题。对于题目和可能的答复进行了严格的控制,它们易于计量,同时统计分析也是直接的。通常固定的选项很容易回答,因为回答者无须认为是与自由回答的问题一样难,他们很容易迅速地编码、制表格及分析。

(4)消费者试验常用的方法

消费者感官检验的主要目的是评价当前消费者或潜在消费者对一种产品或一种产品某种特征的感受,广泛应用于食品产品维护、新产品开发、市场潜力评估、产品分类研究和广告定位支持等领域。一般包括接受性测试(acceptance test)和偏爱测试(preference test)两大类,又称消费者测试(consumer tests)或情感测试(affective tests)。消费者试验采用的方法主要是定性法和定量法。

①定性法。

定性情感试验是测定消费者对产品感官性质主观反应的方法,由参加评价的消费者以小组讨论或面谈的方式进行。此类方法能揭示潜在的消费者需求、消费者行为和产品使用趋势;评估消费者对某种产品概念和产品模型的最初反应;研究消费者使用的描述词汇等。主要方法如下:

a. 集中小组讨论:

讨论小组由10~12名消费者组成,进行1~2人的会面谈话/讨论谈话。讨论由小组负责人主持,一般进行2~3次,尽量从参加讨论的人员中发掘更多的信息。讨论的纪要和录音、录像材料都作为试验原始材料保存。

b. 集中评价小组:

仍利用(1)中使用的讨论小组,讨论的次数增加2~3次。步骤是先同小组进行初步接触,就一些话题进行讨论;然后小组成员带回样品并试用,然后继续讨论试用产品后的感受。

c. 一对一面谈:

当研究人员想从每一个消费者那里得到大量信息,或者要讨论的话题比较敏感而不方便进行全组讨论时,可以采用一对一面谈的方式。组织者可以连续对最多50名消费者进行面谈，谈话的形式基本类似，要注意每个消费者的反应。

②定量法。

定量情感试验是研究多数消费者（五十人到几百人）对产品偏爱性、接受程度和感官性质等问题的反应。一般应用在确定消费者对某种产品整体感官品质（气味、风味、外观、质地等）的喜好情况，有助于理解影响产品总体喜好程度的因素，测定消费者对产品某一特殊性质的反应。采用不同的标度对产品性质进行定量情感检验，然后与描述分析得到的数据联系起来，能更好地为产品开发或改进提供基础数据（表5-2）。

表5-2 定量情感试验的分类

任务	试验种类	关注问题	常用方法
选择	偏爱性检验	你喜欢哪一个样品？	成对偏爱检验
		你更喜欢哪一个样品？	排序偏爱检验
		你觉得产品的甜度如何？	标度偏爱检验
分级	接受性检验	你对产品的喜爱程度如何？	快感标度检验
		你对产品的可接受性有多大？	同意程度检验

某项情感试验是用偏爱性检验还是接受性检验要根据检验的目标来确定，如果检验的目的是设计某种产品的竞争产品，则使用偏爱性试验。偏爱性试验是在两个或多个产品中选择一个较好或最好的，但不能明确消费者是否都喜欢或都不喜欢所有的产品。如果检验目的是确定消费者对某产品的情感状态时，即消费者对产品的喜爱程度，则应用接受性试验。接受性试验是与某知名品牌产品或者竞争对手的产品相比较，用不同的喜好标度来确定各种程度。类项标度、线性标度或量值估计标度等都可以在接受试验中使用。

5.2 市场调查

市场调查的目的主要有两个方面的内容，一是了解市场走向，预测产品形式，即市场动向调查；二是了解试销产品的影响和消费者意见，即市场接受程度调查。两者都是以消费者为对象，所不同的是前者多是对流行于市场的产品而进行的，后者多是对企业所研制的新产品而进行的。

感官评价是市场调查中的组成部分，并且感官分析学的许多方法和技巧也被大量运用于市场调查中。但是，市场调查不仅是了解消费者是否喜欢某种产品（即食品感官分析中的嗜好试验结果），更重要的是了解其喜欢的原因或不喜欢的理由，从而为开发新产品或改进产品质量提供依据。

市场调查的对象应该包括所有的消费者。但是，每次市场调查都应根据产品的特点选择特定的人群作为调查对象。例如，老年食品应以老年人为主；大众性食品应选低等、中等和高等收入家庭成员各1/3。营销系统人员的意见也应起到重要作用。

市场调查的场所通常是在调查对象的家中进行。复杂的环境条件对调查过程和结果的影响是市场调查组织所应该考虑的重要内容之一。由此可以看出，市场调查与感官分析试验无论在人员的数量上，还是在组成上，以及环境条件方面都相差极大。

市场调查一般是通过调查人员与调查对象面谈来进行的。首先由组织者统一制作答题纸，把要调查的内容写在答题纸上。调查员登门调查时，可以将答题纸交给调查对象并要求他们根据调查要求直接填写意见或看法；也可以由调查人员根据要求与调查对象进行面对面的问答或自由问答，并将答案记录在答题纸上。调查常常采用顺序试验、选择试验、成对比较试验等方法，并将结果进行相应的统计分析，从而分析出可信的结果。

5.3 新产品开发与优化

新食品开发是指食品企业或公司的研发部门制定新产品的配方，修改现有的产品配方、使用新工艺、加入新成分或其他能够直接影响产品，使之能以新产品形式向消费者或目标市场进行推广的过程。研发部门在任何企业地位都非常重要，这是因为创新是一个企业生存的根本。随着消费者对生活品质要求的不断提高，食品企业要想生存就必须使用新原料、采用新技术、努力提高产品的营养与感官特性，不断开发新产品。新产品的开发一般需要经过如下阶段，产品构思、研制与调整、消费者测试、货架寿命与包装设计、生产与试销、商业化。在新产品开发过程中，从产品构思到最终上市都涉及食品感官评价方法的应用。

(1)产品构思

新产品构思是指新产品的设想或创意。产品构思过程中一般会应用偏好型感官分析方法，通过市场调研对消费者的饮食习惯及爱好进行分析，对市售产品进行评价，以此确定构思的方向性和合理性。创意的来源是多方面的，既可以来自企业内部（企业职工、营销人员、开发部门等）又可以来自企业外部（专家、消费者、其他行业人员），接着对构思进行筛选，初步筛选时除去那些市场机会小或企业无实力实现的构思，第二轮筛选时则将剩下的构思通过加权平均的方法进行评价，最后得到企业能够接受的产品构思。

如果对新产品成本、销售额和利润进行预估后能满足企业设定的目标，那么该产品才可以进入开发阶段。商业分析的实质就是确定新产品的商业价值，这一措施要在新产品开发的过程中多次进行。在新产品构思中常常会应用感情测试的方法。感情测试是感官分析的一部分，这种测试关注获取主观数据，或者说产品被接受的程度。该测试通常需要由若干未经训练的消费者组成焦点小组，通过讨论获得产品的一些潜藏信息。测试的内容包括普通的比较测试及关于个体特征接受程度的询问等。

（2）研制与调整

新产品的构思通过一系列可行性论证之后，就可以将产品概念交给研发部门进行开发。研发部门要根据原材料的特点，选择不同的生产工艺，反复进行设计与试验。研制出的新产品不仅要求干净卫生，还必须有优良的感官特性（色、香、味等）。在整个开发过程中，要对各个开发阶段的产品进行评价，常用的有差别检验法和定量描述检验法。差别检验的主要目的是验证产品之间是否存在能被察觉出来的感觉区别，虽然和描述分析检验相比，其简便快速，但只适用于产品间差别非常小的情况。描述分析检验不仅可以了解食品的感官特性，还可以了解不同样品间的差异程度大小。

（3）消费者测试

即新产品的市场调查。首先送一些样品给有代表性的家庭，并告知他们调查人员过几天再来询问他们对新产品的看法。几天后，调查人员登门拜访并进行询问，以获得关于这种新产品的信息，了解他们对该产品的想法、购买意愿、价格估计、经常消费的概率。一旦发现该产品不太受欢迎，那么继续开发下去将会犯错误，但通过抽样调查往往会得到改进产品的建议，这将增加产品在市场上成功的概率。

（4）货架寿命与包装设计

新产品必须要保证一定的货架寿命。食品的货架寿命与很多因素有关，除在保证产品质量的基础上选择合适的杀菌方式和贮存条件，还应重视新产品的包装设计。包装在市场营销中十分重要。产品包装应该具有以下作用:保护食品、便于贮存运输;树立品牌形象,提高产品的知名度;精巧美观,传达产品属性定位与企业形象等。同时包装设计要考虑多方面的因素,包括材料、包装方式和印刷效果等。

(5)生产与试销

在产品开发工作进行到一定程度后,应建立一条生产线。如果新产品已进入销售试验,那么等到试销成功再安排规模化生产并非明智之举。许多企业往往在小规模的试销期间就生产销售试验产品。试销是大型企业为了打入全国性市场之前避免惨重失败而设计的。大多数中、小型企业的产品一般不进行试销。试销方法与感官评价方法相关联。

(6)商业化

如果产品试销成功,就可以将新产品投产。通过试销阶段,企业管理层已掌握了足够的信息,产品也得到进一步完善。新产品上市以后,感官部门的评价工作依然要继续,因为商品化是决定一种新产品成功失败的关键阶段,如果这一阶段产品遭遇失败,那前面的努力会付诸东流,企业将蒙受巨大损失,因此必须时刻关注产品的销售情况及竞争对手的产品,慎重选择新产品进入市场的方式,制订完善的产品营销策略。通过描述性分析检验的方法可以了解市售产品在感官特性方面的特点,在一定程度上帮助改进产品。

5.4 质量控制

当今社会,食品的质量问题越来越受到人们的关注,广大食品生产企业也已充分认识到保证产品质量对于企业生存的重要性。感官评价在质量控制中的应用就是为了确保食品的质量及风味,满足消费者的需求,促进企业的发展。随着社会的发展,消费者对食品的选择也越来越挑剔,某种食品是否具有很好的感官性,即能否在颜色、香气、风味、听觉及触感等特性上满足消费者的需求,已经成为消费者选择食品的重要指标,在一定程度上决定着消费者的购买意愿。

食品生产中的质量控制是生产合格产品的必要保证,而食品的感官质量也是产品质量的重要组成部分。除了要保证原料合格、加工条件卫生、贮存条件适当及运输方式合理等,感官质量控制必须渗透到食品生产的每一个环节。通过对企业产品的整个生产周期进行分析和评估,客观准确地了解从原材料到产品各个阶段的感官性状特点,进一步确立产品的感官质量规范,实现对生产过程和产品质量的控制，同时找出食品的改进方向，更好地满足消费者的需求，提升企业的竞争力。

我国将感官评价应用在食品生产领域的时间并不长，而且目前大多数企业建立的食品质量控制体系仍依赖一些理化指标的监测，这些指标的获得一般通过质构仪、电子鼻、电子舌等设备，而这些设备并不能替代人的感官系统，比如质构仪虽然可以测定产品的脆性，却不能测出消费者最喜欢的脆性范围，而通过感官评价则可以解决这一问题。因此，在食品生产过程中只有将理化分析和感官评价结合起来，才能生产出干净、卫生且具有良好感官特性的产品。

(1)感官评价在食品质量控制中的作用。

①原材料及成品的质量控制。

保证原材料及成品的质量以防止不符合质量要求的原材料进入生产和商品流通领域。

②工序检验。

即工序加工完毕时的检验，以预防产生不合格产品，防止不合格产品流入下道工序。

③贮存检验。

研究产品在贮存过程中的变化规律，以确定产品的保存期和保质期。

④市场商品检验。

对流通领域的商品按照产品质量标准抽样检验。感官检验准确、快速、及时，有利于遏制假冒伪劣商品流入市场。

一般食品企业从产品的原料、半成品至成品均应设定感官性质的各项标准。只要将品控人员加以训练，感官评价将比任何其他工具都快速，设定后的执行也要靠感官评价。以应用感官评价检测酸牛奶的质量为例：通过视觉分析酸牛奶的外观形态、色泽和组织状态，评价酸牛奶的新鲜度；通过嗅觉分析酸牛奶样品的气味及发生的轻微的质量变化；通过味觉鉴别，可以对一系列产品进行评估。同时，通过进行酸、甜、苦、涩等多滋味的综合感受，还可以对产品的某一指标进行适当调整，从而更大程度地满足消费者的需求，提高产品质量。

(2)感官评价进行质量控制中的必要规范

在企业中建立食品感官质量评价体系很重要的一点是引起管理层足够的重视，这样才能获得企业在人力和物力上的支持，实现对感官评价人员的培训和管理，建立和完善感官评价方法，促进感官评价部门与其他各部门的合作，使感官评价渗透到食品生产的各个阶段，进一步保证产品质量的一致性。

①感官分析实验室的建立。

环境条件对食品感官评价有很大影响，这种影响体现在两个方面，即对评价员心理和生理上的影响及对样品品质的影响。建立食品感官评价实验室时应创造有利于感官评价顺利进行的良好环境，减少评价员由于精力分散或其他因素导致的错觉。现在某些大型企业和高校中已经建立了标准化感官评价实验室。感官评价实验室必须满足一定的要求，包括环境的要求、硬件设施的要求及实验员素质的要求等，企业在建设时须考虑多方面的因素。

②企业评价员的培养。

要想在食品企业建立食品质量评价体系，实现从原材料到产品各个加工环节中感官质量的跟踪和监管，企业必须培养一定数量的感官评价员。这是因为单靠一些专家不能对产品做到经常性评价，而且有些专家本身就是产品的研发人员，有时会受到身体因素或者其他外界因素的影响，得到带有一定局限性的结果。而依靠没有任何经验的评价员得到的结果可靠性又不高。通过在感官评价专业技术人员中选拔一批工作人员，进行培训和管理是目前普遍采取的最佳解决方法。

③感官质量的评价标准的建立。

食品质量的感官分析是依靠视觉、嗅觉、味觉、触觉、听觉等来对食品的外观、质地、香气、滋味、风味、口感等多种感官特性进行评价。食品开发的过程包括从原材料、半成品到成品的各个阶段，每个阶段有自己独特的感官性状，评价员要对每个生产环节的产品进行感官评价以保证其质量，首先需要确定一个感官质量的评价标准。产品感官质量评价标准的建立需要感官评价员同企业各部门紧密配合，根据各部门反馈的信息，依据我国的各项法律法规进行修订。需要着重指出的是，除针对产品各项感官指标的标准外，还必须为整个感官评价体系制定相应的标准。虽然在我国已建立了绝大多数的食品标准，在这些标准中一般也具有感官评价的指标，但这些指标往往较为简单、通用，不够具体且缺乏个性的定制化，企业可根据自身食品加工的特点，建立集质控和研发于一体的专业感官评价实验室。

(3)感官质量控制的方法

①规格内—外方法。

感官质量评估，最简单的方法之一就是规格内—外或通过/不通过的系统，通过感官检验把不正常生产或常规生产之外的产品挑出来。该方法是在现场与大量劣质产品进行简单的比较，如公开讨论以达成一致意见。采用 25 人以上的评价小组进行感官检验，评价小组成员经过训练后，能够识别定义为“规格之外”和“规格之内”的产品性质，这就增强了该标准的一致性。在任何是或否的步骤中，偏爱和设定标准的作用与实际的感官检验影响力相同。

②标度方法。

标度方法是根据标准或对照产品的情况，进而评估整体产品的差别度。如果维持一个恒定的优质标准进行比较，这种方法有效可行，能够很好地评估整体产品的差别度。这种方法也适用于分析产品的变化，如使用简单标度判断样品与标准的相同程度。为达到快速分析的目的，可以采用简单的 10 点类项标度，有时会利用不同程度差别的描述加以标记标度中的其他点。

③质量等级评估方法。

方法类似于相对参照方法的总体差异，就是使用质量等级评估的方法。这使评价小组部分成员需要进行更复杂的判断步骤，因为这样做不仅可以判断产品的质量差异，而且还要研究如何决定产品的质量。

④描述分析方法。

检验目标是由受过训练的评价小组成员提供个人对某种感官属性的强度评估，重点是单一属性的可感知强度，而非质量或整体上的差别。感官质量控制中采用的描述分析方法与质量评估或整体的差别评估不同。产品质量和差别评估需要把全部感官经验都结合到一个单一整体分数中去。而从质量控制的目的出发，描述分析可以仅针对一些重要的感官性质。

⑤质量等级与接受性评估相结合方法。

这个方法的核心是一个整体质量的标度，质量标度和判定标度一起出现，是介于质量评估方法和全面的描述性方法之间的一个合理的折中办法。比如可将质量评分 1~2 定义为拒绝接受，3~5 定义为不能接受，6~8 定义为能接受，9~10 定义为愿意接受的复合标准。

(4)感官质量检验的 10 条准则

①建立产品最优质量的标准以及可接受和不可接受产品的范围标准。

②尽可能利用消费者检验来校准这些标准。有经验的个人可以设置一些标准，但是这些标准应由消费者的意见(产品的使用者)来检验。

③一定要对评价员进行培训，如让他们熟悉标准以及可接受的变化限度。

④不可接受的产品标准应该包括可能发生在原料、过程或包装中的所有缺陷和偏差。

⑤如果有这些问题的标准记录，应该培训评价员获得判定缺陷样品的信息。

可能要使用强度或具体类项的标度。

⑥应该从至少几个评价员中收集数据。理想情况下,收集有统计意义的数据(每个样品 10 个或更多个观察结果)。

⑦检验的程序应该遵循优良感官实践的准则:盲样检验、合适的环境、检验控制、任意的顺序等。

⑧每次检验都应该通过提供带有盲标的标准样品来测定评价员的敏感性和准确性。对于参考目的来说,建立一个(隐性)优质的标准是很重要的。

⑨隐性重复测试可以检验评价员的可靠性。

⑩评价小组必须达成一致。如果存在不可接受的变化或争议,评价员有必要重新接受培训。

5.5 科研创新

传统的感官评价方法需要大量的人工感官评价,但随着社会的发展和进步,人们对食品感官评价的要求越来越高,需要更精确、更快速、更方便和无损的检测,这些评价方法主要基于仪器对样品进行感官评价,也是食品感官评价在科研创新中的不断扩展与延伸,主要介绍如下内容。

智能感官技术(intelligent sensory technique)是利用智能设备的传感器,模仿人类的感知过程,将对样品的感受(传感器相应值)大批量重复性地采集后,在工作站中利用复杂的数据处理对其分析和品质评价,最终达到进行区分、分级和差异探明等的功能,现已在水产品品质评价中被广泛应用的主要包括电子鼻(e-nose)、电子舌(e-tongue)、物性测试仪(texture analyzer)和计算机视觉处理技术(computer vision technology)。电子鼻和电子舌在食品的新鲜度评价,质量评价,风味轮廓区分和评价,产地鉴别区分等上均有很好的应用,近几年特别是专一性传感器的快速发展,使得电子鼻、电子舌能够在某些特殊的气味(如含硫物质)和滋味(鲜味强度)的检测和判别上达到更加准确的效果和更精细化的使用。质构仪等则能方便快速地检测水产品及其加工制品的硬度、弹性、咀嚼性和剪切力等多项指标,特别是其最为经典的二次咀嚼模拟的 TPA 分析(质构剖面分析),已在多个肉制品的质构评价中作为国家和国际标准参考和推荐使用。而计算机视觉处理技术作为近 20 年才起步的智能感官技术之一,其能够利用自身的高分辨率摄像头,替代人眼完成对样品整体信息的无损扫描,进而利用图像处理学、模式识别学、计算机科学、统计学和色彩分析学等多个学科的知识,挖掘图像中样品的形状轮廓、色彩、纹理、对比区别度等全方位的信息，实现对样品的分类、区分和识别等，并能进一步拟合样品的各项感官分析指标，建立快速的评价分析判别模型，从而实现真正的在线无损检测。例如，使用计算机视觉工作站，利用不规则矩阵的数据处理方法，可以实现比目鱼和其他底栖鱼类的 100% 区分，进一步用 1.2 mm 的微距区分模式，可以实现对 7 种鱼类的 99.8% 的精确区分，而且其理论的智能在线监测量可以达到高效的 30000 尾鱼/h。

分子感官科学（molecular sensory science）更多的是一种概念，是指在分子水平研究食品感官质量的多学科交叉技术，但其基础则是强大的近现代仪器分析技术，如气相色谱—质谱联用（GC-MS）、气相色谱—嗅闻技术（GC-O）、飞行时间质谱（TOF-MS）、液相色谱—串联质谱法（液—质/质技术，LC-MS/MS）和核磁共振技术（NMR）等。但其精髓则是聚焦到几种甚至是一种关键性的核心呈味物质，探明其对整体风味的贡献度，探寻更多丰富的呈味分子。如用反相高效液相色谱（RP-HPLC）提取并分离纯化得到了河豚鱼肌肉中的呈味肽，并进一步用电子舌和感官评定筛选，最终用基质辅助激光解吸电离—飞行时间质谱（MALDI-TOF MS）鉴定得到了一种呈鲜味和甜味的八肽 Tyr-Gly-Gly-Thr-Pro-Pro-Phe-Val。

指纹图谱技术（fingerprint technology）最早在中草药的研究中提出，而后被引申至食品品质评价的领域。指样品经适当处理后，采用一定的分析手段，得到能够表示该样品特性的色谱、光谱及其他谱图的数据资料，并结合数理统计手段及计算机模拟的方法，得到食品固有的综合品质特征，其已在水产品的风味、质地、营养、功能特性和掺伪等多方面的品质评价中提供技术支撑。其中，近红外光谱技术（near infrared spectroscopy）由于其易操作性和简单快捷无损的特点深受学者的喜爱，其在水产品品质的分析中通过大量样本建立的模型能很好地对已知和未知样品的水分、蛋白质、脂肪、鲜度、嫩度和持水性等品质指标进行预测，且在有些企业已实现了生产的在线监测和控制。如刘源等使用该技术对冰鲜大黄鱼在不同贮藏时间下的新鲜度进行了评价，将近红外的光谱图谱与挥发性盐基氮的数据进行偏最小二乘的建模，其相关系数、验证集相关系数和预测标准偏差都在较高的理想范围内，表明模型能够很好地对大黄鱼的新鲜度进行品质评价和预测。

由于指纹图谱技术的广义性，光谱图、色谱图、质谱图甚至是各种能够得到图谱的现代检测技术都可以归为这一范畴，例如电子舌的传感器相应信号图，X 射线衍射（XRD）图等，因此对于单一样品的多个指纹图谱的结合分析，即后期数据的大量处理、分析、建模和数理统计等才是指纹图谱技术的核心。Gu 等对蒸制河蟹的四个可食部位进行了顶空固相微萃取—气相色谱—质谱联用(HS-SPME-GC-MS)的分析,并将得到的GC-MS图谱结果与电子鼻传感器的相应图进行了联合分析,利用偏最小二乘的分析,筛选得到了影响电子鼻风味轮廓差异评定的14种关键气味化合物。孟志娟结合舟山带鱼的傅里叶红外指纹图谱、近红外指纹图谱和电子鼻的指纹图谱,即带鱼的内在组分和挥发性成分的信息,综合其理化分析的结果,对其新鲜度的变化进行了快速判定。

此外,还有大量的新兴评价技术在食品感官指标的分析评价中有所应用,主要包括蛋白质组学(proteomics)技术、高光谱成像(hyperspectral imaging)技术和生物传感技术等,这些新兴技术的不断涌入,会使得食品感官评价手段不断丰富和完善,并最终为食品感官品质的提升提供基础数据和理论依据。

第三部分

食品感官评价的实践

6 食品感官评价实训案例

6.1 虾夷扇贝感官评价描述词的建立

建立基于虾夷扇贝的感官评价描述词。首先，通过问卷调查从 90 名参与者中选出 49 名候选评价员；再通过测定舌部菌状乳突数量、基本味识别能力、觉察阈以及识别阈等，最终成立 9 人评价小组。感官评价 6 个不同的活品虾夷扇贝样本，征集得到 101 个描述词，通过统计分析筛选描述词并设立参比物参照，最后确定 32 个活品虾夷扇贝感官描述词。

(1) 实验方法

①样品制备及呈送。

将处理后的活品虾夷扇贝样品清洗沥干、去壳取出闭壳肌，用冰水冲洗、沥干，修整后将其对剖（一部分用于气味分析，另一部分供入口分析），置于冰块上待用。采用蒸汽锅，常压蒸制 2.5 min，室温冷却 30 s。其中，用于气味分析的样品置于香槟酒杯中，加盖呈送给评价员；用于入口分析的样品置于贝壳中呈送给评价员。样品用 3 位数随机编码，按顺序、一式三份提供给评价员，并发放感官评分表，准备胡萝卜条和纯净水用于清除前一样品的余味。

②感官评价顺序。

先进行气味评分，再进行色泽和入口分析评分。首先进行气味评分，感官评价员嗅闻手背清除嗅觉干扰，在接到呈送的样品后，揭开盖子均匀呼吸进行嗅闻打分；然后，对半壳中的扇贝样品进行评分，对照比色卡进行色泽评分后将样品分 2 次入口依次评价其滋味、质地及后味三个方面。

③感官评价小组的建立。

虾夷扇贝描述性感官分析评价小组的建立是依据《GB/T 16291.1—2012 感官分析选拔、培训与管理评价员一般导则 第 1 部分：优选评价员》开展。将初级筛选和二级筛选人员按照优劣排序，从中挑选最佳评价员 9 名，构建虾夷扇贝感官评价小组。

④初级筛选。

结合虾夷扇贝样品的特点，制定感官评价人员初级筛选调查表（表 6-1），通过者得到感官评价小组成员候选资格。

表 6-1　虾夷扇贝感官评价人员初级筛选调查表

姓名：	性别：	年龄：	民族：	籍贯：		联系电话：	
项目名	是(有)	否(无)	备注	项目名	是(有)	否(无)	备注
1)是否对感官分析有兴趣				8)吸烟			
2)是否对品尝扇贝感兴趣				9)鼻腔疾病			
3)是否了解感官评价				10)糖尿病高血压			
4)感官分析经验				11)低血糖			
5)过敏史(花粉、海鲜、等)				12)近期是否患病			
6)食物偏好(酸、甜、辣等)				13)近期有无服药			
7)食物禁忌				14)口腔或牙龈疾病			
15)用于描述啤酒风味的最合适的词语(3个)							
16)请对某种火腿肠的风味进行描述(3个)							
17)哪些产品具有植物气味(3个)							
18)哪些气味与“干净”“新鲜”有关(3个)							
19)请描述拒绝食物时比较明显的特性(3个)							
20)请描述火腿肠的质地特性(3个)							
资格评价结果					□通过*		□不通过**
请在每一项自己的选择后面打“√”							

注：*.同时满足以下条件者：1)~4)选择“是(有)”；5)、9)~14)选择“否(无)”；15)~20)写出2个以上合理描述词；**.具有以下情况之一者：1)~4)选择“否(无)”；5)、9)~14)选择“是(有)”；15)~20)未写出2个以上合理描述词。

⑤二级筛选。

基本味识别能力、觉察阈和识别阈的大小，根据《GB/T 12312—2012 感官分析 味觉敏感度的测定方法》进行测定。

⑥感官小组的培训。

提供给评价员感官分析程序及虾夷扇贝的基本知识，进行常规培训。利用感官小组培训用样品对评价小组成员进行多轮培训，使其达成在评价程序、嗅闻力度和时间及咀嚼方式等方面的统一，并使其充分熟悉不同虾夷扇贝的感官特性及其差异。感官评价小组的标度使用和描述词开发的培训贯穿于虾夷扇贝描述词的确定(图 6-1)过程中。

⑦虾夷扇贝感官描述词的确定。

参照 GB/T 16861—1997《感官分析 通用多元分析方法鉴定和选择用于建立感官剖面的描述词》及描述性感官分析的原理，筛选确定虾夷扇贝感官描述词，具体流程如图 6-1 所示。

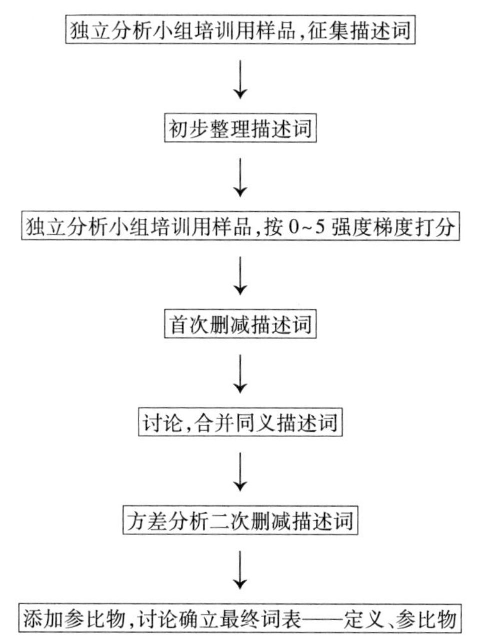

图6-1 虾夷扇贝感官描述词的确定

a. 征集描述词：

要求感官评价小组从视觉、嗅觉、味觉、触觉四方面，用尽可能多的词汇描述对于虾夷扇贝的所有感觉。汇集感官评价小组的描述词，按照色泽、气味、滋味、质地及后味5个指标进行归类。征集完描述词后，小组讨论并初步整理描述词。

b. 删减描述词：

将初步整理后的描述词做成感官评分表，每一描述词的强度用0~5进行标度。提供给评价员得到的6种有差别的样品，要求评价员为每个描述词的强度评分。根据国标要求，统计几何平均值M，除去M值相对较低的描述词。小组成员讨论确定同义描述词，全体评价员为其重新定义一个单一术语，由原始描述词的加权平均值作为新术语的分值。对首次删减和小组讨论的结果进行单因素方差分析（$P<0.05$），删除不能区分6种样品间差异的描述词。

c. 添加参比物：

根据删减结果，确定最终描述词。对每一描述词添加参比物，使参比物处于强度标度3.0的位置，建立包含描述词定义和参比物的描述词表。

（2）实验结果

①感官评价小组的建立。

根据表6-1填写结果，从填表的90名同学中找出符合条件的49名感官评价候选人。对 49 名候选人进行二级筛选。基本味识别能力测定实验中,针对 9 个样品、5 种基本味的识别,有 12 位候选人得分在 60 分以上:经过分别设有 8 个浓度梯度的甜、鲜、咸 3 种基本味的觉察阈和识别阈的测定后,筛选出 9 位评价员,其甜、鲜、咸的平均阈值分别为 2.59、0.17、0.34 g/L,小于全部同学的阈值均值 4.32、0.34、0.48 g/L,建立了虾夷扇贝感官评价小组。

②虾夷扇贝感官评价描述词的筛选与确定。

活品虾夷扇贝感官评价描述词的确定贯穿于感官评价小组的培训过程中,评价员独立品评扇贝样品 12 次,小组讨论 4 次,累计培训时间 30 h 以上。感官小组最终能熟练运用评价标度,且评价员对同一样品的评价一致性和对不同样品的评价重复性较好。

③征集描述词。

3 次感官品评培训后,征集得到 101 个感官描述词(表 6-2)。其中用于描述颜色的词汇有 16 个,气味 24 个,滋味 26 个,质地 22 个,后味 13 个。从数量上看,气味、滋味和质地描述词较多,这可能由于此 3 种感官属性呈味效果复杂,具有多种感官特性;也可能由于评价员之间尚存在感官认知或描述方式上的差异。针对此情况,感官评价小组通过多次品尝和小组讨论达成了感官认知和描述方式上的共识。对得到的 101 个感官描述词进行初步整理,删去定量术语(微酸、微咸)及描述产品的术语(扇贝味)3 个词汇。

表 6-2　最初得到的 101 个感官描述词

项目	描述词语
色泽	象牙白、淡黄、白中带黄、乳白色、透明白、珍珠白、水白色、灰白色、乳黄、发黄的纸、白玉、荔枝肉色、有光泽、白种人肤色、小米黄、淡粉色
气味	鲜味、腥味、甜味、海藻味、奶酪味、牛乳味、纯奶味、奶香味、海带味、海风味、土腥味、氨味、鱼腥味、满香味、紫菜味、蒸鸡蛋糕味、水煮鸡蛋味、裙带菜味、蚬子汤味、海鲜味、腥臭味、刺激味、鲜蘑味、土豆泥味
滋味	鲜味、甜味、酸味、扇贝味、土腥味、鱼腥味、微酸、牛乳味、炼乳味、鲜奶味、咸味、平味、微咸、海兔味、海鲜味、鸡蛋黄腥味、大海螺内脏味、涩味、虾仁味、蛤仔味、苦味、刺激味、金属味、苦胆味、茶味、氨味
质地	有纤维感、类似豆腐、类似水煮蛋清、嫩滑、细腻、咀嚼性好、油炸鸡块内部、黏牙、类似椰果罐头、鲜嫩多汁、类似卤水豆腐、类似煮鲜蘑、水润、半熟的鸡肉、劲道、肉头、类似皮冻、嫩如鸡蛋糕、类似肥肉、阻滞感、有弹性、类似蟹肉
后味	鲜味、甜味、酸味、涩味、土腥味、鲜奶味、海鲜味、平味、清新、绵软、爽口、水煮蛋清味、苦味

④首次删减描述词。

计算得出各描述词的几何平均值 M，见表 6-3。按从大到小排序，除去白种人肤色、淡粉色、奶酪味、蚬子汤味、腥臭味、刺激味等 16 个几何平均值相对较小（$M<0.200$）的描述词，进行描述词的首次删减。针对首次删减后的描述词，小组成员讨论并确定其中的同义描述词，选定或新建全体评价员一致认可的单描述词。如将色泽的描述词合并，用颜色和光泽两个描述词语代替。合并同义词后，汇总得到 44 个描述词，用于二次删减。

表 6-3　98 个描述词的几何平均值 M

色泽	M 值	气味	M 值	滋味	M 值	质地	M 值	后味	M 值
象牙白	0.602	鲜味	0.807	鲜味	0.834	有纤维感	0.838	鲜味	0.802
蛋黄	0.740	涩味	0.709	甜味	0.798	类似豆腐	0.760	甜味	0.626
白中带黄	0.607	甜味	0.491	酸味	0.550	类似水煮蛋清	0.683	酸味	0.525
乳白色	0.539	海藻味	0.590	鱼腥味	0.667	嫩滑	0.720	涩味	0.589
珍珠白	0.260	奶酪味	0.110	土腥味	0.414	细腻	0.720	土腥味	0.327
透明白	0.238	牛乳味	0.491	牛乳味	0.431	咀嚼性好	0.774	鲜奶味	0.402
水白色	0.253	纯奶味	0.358	炼乳味	0.256	油炸鸡块内部	0.592	海鲜味	0.620
灰白色	0.222	奶香味	0.765	鲜奶味	0.467	黏牙	0.664	平味	0.435
乳黄	0.720	海带味	0.427	咸味	0.496	类似椰果罐头	0.591	清新	0.198
发黄的纸	0.610	海风味	0.675	平味	0.181	鲜嫩多汁	0.693	绵软	0.129
白玉	0.322	土腥味	0.549	海兔味	0.637	类似卤水豆腐	0.628	爽口	0.362
荔枝肉色	0.467	氨味	0.491	海鲜味	0.740	类似煮鲜蘑	0.628	水煮蛋清味	0.362
有光泽	0.709	鱼腥味	0.697	鸡蛋黄腥味	0.697	水润	0.699	苦味	0.330
白种人肤色	0.081	蚬子汤味	0.117	大海螺内脏味	0.332	半熟的鸡肉	0.612		
小米黄	0.256	海鲜味	0.665	涩味	0.439	劲道	0.583		
淡粉色	0.104	清香味	0.467	虾仁味	0.321	肉头	0.637		
		紫菜味	0.374	蛤仔味	0.233	类似皮冻	0.637		
		蒸鸡蛋糕味	0.450	苦味	0.269	嫩如鸡蛋糕	0.463		
		水煮鸡蛋味	0.431	刺激味	0.185	类似肥肉	0.520		
		裙带菜味	0.386	金属味	0.197	阻滞感	0.697		
		腥臭味	0.092	苦胆味	0.111	有弹性	0.675		
		刺激味	0.151	茶味	0.023	类似蟹肉	0.492		
		鲜蘑味	0.057	氨味	0.016				
		土豆泥味	0.426						

⑤二次删减描述词。

得到二次删减描述词的感官分析数据,方差分析结果显示:6 种扇贝样品间所有的感官属性均无显著性差异(P<0.05),无法得到具有样品区分度的描述词。全体评价员一致认为样品间差异太小,以 1 为差异梯度不足以区分样品间的细微差别,经小组讨论将感官强度标度定义为 0~5.0,以 0.1 为感官强度的差异梯度。对同样处理条件下的样品进行感官分析,统计结果显示(表 6-4),色泽属性中的颜色、光泽,气味属性中的鲜味、海藻味、奶香味、土腥味、海鲜味、土豆泥味,滋味属性中的鲜味、甜味、酸味、土腥味、牛奶味、咸味、苦味,质地属性中的涩味、嫩度、多汁性以及后味属性中的鲜味、甜味、酸味、涩味、土腥味、鲜奶味、海鲜味、平味、苦味共 26 个感官描述词存在样品间的显著性差异(P<0.05);而滋味属性中的鱼腥味、海鲜味以及质地属性中的有纤维感、黏附性、弹性 5 个描述词因其几何平均值 M 较大,分别为 0.67、0.74、0.84、0.68、0.68,故选择保留;颜色因其在感官评价中具有重要作用,也选择保留。

表 6-4 6 种虾夷扇贝感官描述词的平均分值和方差分析

感官属性	扇贝样品						ANOVA	
	1	2	3	4	5	6	F 值	P 值
色泽								
颜色	2.8	2.3	2.2	2.1	2.4	2.3	1.7	0.11
光泽	3.1	2.9	2.6	2.4	2.5	2.4	5.3	0.00
气味								
鲜味	3.5	3.3	3.2	3.1	2.9	2.7	3.0	0.00
腥味	2.4	2.3	2.7	2.6	2.7	2.6	0.1	0.78
甜味	3.2	2.8	3.1	3.0	2.9	2.7	0.9	0.50
海藻味	2.4	2.1	1.9	1.7	1.9	1.6	0.7	0.03
奶香味	2.5	2.1	2.0	1.8	1.9	1.5	2.7	0.04
海风味	2.3	2.1	2.2	1.9	1.9	1.6	3.1	0.07
土腥味	1.5	1.1	1.0	1.0	0.9	1.1	2.5	0.05
氨味	1.9	1.6	1.3	1.8	1.9	1.6	0.5	0.74
鱼腥味	3.1	2.9	2.7	2.5	2.5	2.5	1.8	0.14
海鲜味	3.8	3.3	3.3	3.1	2.9	2.8	5.6	0.00
清香味	1.6	1.2	1.2	1.0	1.1	1.3	1.0	0.44
海藻味	1.2	1.5	1.3	1.2	1.4	1.0	0.8	0.57
蒸鸡蛋糕味	1.3	1.0	1.0	1.1	0.9	1.1	0.6	0.71

续表

感官属性	扇贝样品						ANOVA	
	1	2	3	4	5	6	F值	P值
水煮鸡蛋味	1.3	0.8	0.9	1.0	1.0	1.1	0.7	0.65
土豆泥味	2.5	2.1	2.1	1.8	1.6	1.5	2.6	0.04
滋味								
鲜味	3.8	3.1	3.1	2.9	2.8	2.6	8.9	0.00
甜味	3.2	2.6	2.7	2.3	2.2	2.0	2.8	0.03
酸味	1.0	1.4	1.4	1.1	1.1	1.3	2.6	0.04
鱼腥味	1.2	1.4	1.8	1.6	1.5	1.7	3.3	0.07
土腥味	1.5	1.2	1.0	1.3	0.9	0.7	2.7	0.05
牛奶味	2.1	2.0	1.7	1.4	1.5	1.1	3.2	0.03
咸味	1.6	1.4	1.3	1.0	1.2	0.8	2.5	0.05
海鲜味	3.6	3.2	3.3	3.0	2.8	2.8	2.3	0.06
鸡蛋黄腥味	2.6	2.6	2.8	2.7	2.5	2.8	1.3	0.29
苦味	0.7	0.8	0.6	0.8	0.7	1.8	2.8	0.03
质地								
有纤维感	3.0	3.0	2.9	2.8	2.7	2.9	0.3	0.88
嫩度	2.5	2.9	2.7	2.7	3.5	3.1	1.8	0.00
咀嚼性	3.0	3.0	2.9	2.8	2.7	2.9	0.3	0.88
黏附性	1.5	1.5	1.4	1.4	1.2	1.3	1.9	0.13
多汁性	2.8	2.5	2.4	2.2	2.2	2.2	2.9	0.03
弹性	3.2	2.8	3.1	3.0	2.9	2.7	0.9	0.50
涩味	0.7	1.4	1.2	2.6	2.0	1.6	5.4	0.01
后味								
鲜味	3.1	1.8	1.5	1.1	1.2	1.2	15.9	0.03
甜味	2.8	2.0	1.3	1.1	1.1	1.1	22.1	0.00
酸味	1.6	1.2	0.6	0.7	1.4	1.9	2.9	0.03
涩味	0.8	2.4	1.5	1.3	1.4	1.5	5.0	0.00
土腥味	0.9	0.7	0.8	0.7	0.8	1.1	3.5	0.02
鲜奶味	1.5	1.0	0.8	0.9	0.9	1.0	3.2	0.02
海鲜味	2.3	1.2	1.2	1.2	1.1	1.2	7.9	0.00
平味	1.2	1.5	1.3	1.2	1.4	1.0	2.4	0.05
水煮蛋清味	1.0	0.8	0.9	0.9	1.1	1.1	0.5	0.77
苦味	0.5	0.8	1.3	1.7	1.2	0.8	3.3	0.02

⑥生成描述词表。

小组讨论过程中,对有歧义的描述词以添加参比物的方式达成组内共识。对每一描述词,提供给评价员 3~5 种物质,品尝后讨论决定处于强度标尺 3.0 位置的物质作为该属性的参比物。比如,提供给评价员新鲜紫菜、裙带菜及海带丝,以确定气味属性中海藻味的参比物;提供给评价员腰果、美国大杏仁及板栗,以确定滋味属性中甜味的参比物;提供给评价员内酯豆腐、千叶豆腐、鱼肉肠、面筋,以确定质地属性中弹性的参比物。汇总添加参比物的讨论结果,确定最终描述词以及各描述词的定义和参比物(如表 6-5)。

表 6-5 虾夷扇贝描述性感官分析的最终词汇表

感官属性	定义	描述词	参比物
色泽			
颜色	贝柱的颜色	亮白、水白、乳白、象牙白	比色卡
光泽	贝柱表面的光泽度	明亮、暗淡	比色卡
气味			
鲜味	令人愉悦、开胃的气味	紫菜汤味	紫菜汤
海藻味	新鲜海藻的气味	海风味、裙带菜味	干紫菜
奶香味	淡淡的奶制品的香气	乳酪味、鲜奶味、黄油味	常温牛奶
土腥味	泥土的气味	鲜蘑味、泥土味	新鲜蘑菇
海鲜味	海产品的鲜美气味	水煮蚬子汤味	水煮蚬子
土豆泥味	清新、微甜的植物气味	水煮土豆味	水煮土豆
滋味			
鲜味	令人愉悦、开胃的鲜美滋味	开胃的、鲜美的	紫菜汤
甜味	柔和的甜味	腰果、甜杏仁	腰果
酸味	柔和、淡淡的酸味	淡酸味	充气苏打
鱼腥味	水产品的腥味	淡腥味	鱿鱼丝
土腥味	泥土的味道		水煮鲜蘑
牛奶味	奶制品的风味	炼乳味、鲜奶味、奶酪味	纯奶
咸味	微咸的感觉	微咸	即食紫菜
海鲜味	海产品的特有风味	蟹肉味、鲜虾味、蚬子汤味	蚬子罐头
苦味	微苦的感觉	微苦	黄瓜皮
质地			
涩味	舌部收敛的感觉	微涩	冰绿茶

续表

感官属性	定义	描述词	参比物
纤维感	咀嚼时可感觉到纤维状组织且纤维易分离的性质	筋道、柔韧、有嚼劲、坚韧	蟹肉
嫩度	感觉不出组织纹理结构的样子	鸡蛋糕、卤水豆腐	卤水豆腐
弹性	筋道的感觉	千叶豆腐、黄花鱼肠	黄花鱼肠
黏附性	两次咬合之间黏牙的感觉	黏牙、黏滞感、类似椰果罐头	椰果罐头
多汁性	牙齿咬合时汁水的释放量	潮湿的、湿润的、多汁的	新鲜虾仁
后味			
鲜味	鲜美的滋味	开胃的、鲜美的	蟹肉棒
甜味	柔和的甜味	腰果甜、杏仁甜	苏打水
酸味	柔和、淡淡的酸味	淡酸味	充气苏打水
涩味	水产品的腥味	微涩	绿茶
土腥味	泥土的味道	水煮鲜蘑	水煮鲜蘑
鲜奶味	奶制品的风味	炼乳味、鲜奶味、奶酪味	常温牛奶
海鲜味	海产品的特有风味	蟹肉味、鲜虾味、蚬子汤味	虾肉
平味	清新、平淡的味道	平味	娃哈哈纯净水
苦味	淡淡的苦味	微苦	黄瓜皮

(3)结论

通过征集招募、感官品评、筛选等,构建了由32个描述词构成的感官分析描述词表,并建立了感官评价小组,建立了虾夷扇贝的感官评价方案。

以上内容摘抄自"杨婷婷,刘俊荣,沈建,等. 活品底播虾夷扇贝(Patinopecten yessoensis)感官评价描述词的建立[J]. 食品科学,2014,35(19):16-22."。

6.2 4种香肠制品的感官评价

对4种香肠制品进行了感官评价(罐头制品、德式香肠、中国北方口味熏蒸味香肠、中国式普通香肠,依次记为品牌1、2、3、4),选择了色泽、风味、质地、咀嚼性4个感官因子描述4个不同品牌的香肠肉制品。首先采用0~4分法计算4个感官因子的权重值,然后计算每个品牌香肠的加权评分。再用Friedman法检验4个品牌香肠的加权分统计学差异,对4个感官因子进一步多重比较和分组,分析4个不同品牌的香肠肉制品在感官因子色泽、风味、质地、咀嚼性上两两之间的差异。

(1)实验方法

①权重及加权评分的计算。

由10名具有一定感官评价训练时数的专业人员组成感官评价小组。以色泽、风味、质地、咀嚼性4个指标两两结合,采用0~4分评判法计算以确定每个感官因子的权重值,很重要—很不重要,打分4~0;较重要—不很重要,打分3~1;同样重要,打分2。据此得到每个评委对各个感官因子的分数表,统计所有人打分,得到每个感官因子得分,再除以所有感官因子总分之和,便得到各感官因子的权重值。加权评分法使用9分制法,每个评委分别给4个品牌香肠制品的色泽、风味、质地和咀嚼性评分,评分标准见表6-6,然后再分别乘以依据表6-7计算出的这4个感官因子的权重值,相加便得到每个评委对各个品牌香肠制品的加权评分(表6-8)。

表6-6 市售香肠制品的感官评价因子描述及评分标准

感官因子	评分标准(1~9分法)
色泽	切面呈鲜艳的粉红色(7~9分);切面呈淡粉红色,允许表面略带黄色(4~6分);切面呈浅粉红色表面无严重变色(1~3分)
风味	具有香肠应有的滋味和气味(7~9分);基本具有香肠的滋味和气味,咸味香精味明显(4~6分);具有香肠的滋味和气味,有其他异味(1~3分)
质地	质地紧致细嫩,有良好的弹性感,表面平整,有肌肉纹理(7~9分);质地紧密,有弹性感,表面较平整,切面有较明显的肌肉纹理(4~6分);质地紧密程度一般,表面尚平整,切面肌肉看不出肌肉纹理(1~3分)
咀嚼性	弹性强、黏着性适中、硬度适中(7~9分);弹性一般、黏着性一般、较硬或较软(4~6分);弹性较差、黏着性较差、很硬或者很软(1~3分)

②Friedman检验法。

使用Friedman检验法判断4个香肠样品的加权评分之间是否有差异。计算F_{test}后,查询χ^2分布表,比较F值的大小后下结论。

③样品之间感官因子的多重比较和分组。

用临界值$r(I,\alpha)$进行多重比较。通过临界值$r(I,\alpha)$比较时,首先根据每个感官因子的秩和将各样品从大到小以$n,\cdots,2,1$初步排序,计算临界值$r(I,\alpha)=q(I,\alpha)\sqrt{\frac{JP(P+1)}{12}}$。其中:$I=1,2,3,\cdots,P$;$\alpha$为显著性水平;$q(I,\alpha)$值可查相应的表(此处为统计学常用$q$值表)。若比较的2个样品的秩和差大于或等于相

应的 r 值,则表示这 2 个样品之间有显著性差异。反之若小于相应的 r 值,则表示这 2 个样品之间无显著性差异。

④数据统计。

采用 SPSS 17.0 软件分析。

(2)实验结果

①4 个感官因子的权重值及香肠制品感官加权评分的计算。

由表 6-7 可以计算出色泽、风味、质地、咀嚼性 4 个感官因子的权重值,色泽的权重值:57/240=0.238;风味的权重值:73/240=0.304;质地的权重值:48/240=0.200;咀嚼性的权重值:62/240=0.258。

10 个感官评价员按照 1~9 分制分别给每个香肠制品的色泽、风味、质地、咀嚼性打分,分数乘以相应的权重值,然后再相加 10 个感官评价员的得分,再求均值,所得的加权分即为 10 个感官评价员对 4 个品牌香肠制品的最终得分,利用公式 $P=\sum_{i=1}^{n}x_i a_i=\sum_{i=1}^{n}\frac{x_i m_i}{f}$ 计算每个品牌香肠制品的加权评分。由表 6-8 知,不同品牌的排序依次是 2-4-1-3。

表 6-7 香肠制品的权重打分表

感官因子	评委										总分
	1	2	3	4	5	6	7	8	9	10	
色泽	6	7	4	4	5	8	5	4	7	7	57
风味	8	8	8	8	5	7	5	8	8	8	73
质地	4	6	8	3	5	3	8	5	3	3	48
咀嚼性	6	3	4	9	9	6	6	7	6	6	82
合计	24	24	24	24	24	24	24	24	24	24	240

表 6-8 4 种香肠制品的加权评分

品牌	评委										加权评分
	1	2	3	4	5	6	7	8	9	10	
1	4.420	3.094	2.192	4.358	3.846	6.988	4.046	3.668	3.180	5.722	4.526
2	6.020	5.087	4.866	5.350	5.946	7.592	6.400	7.346	6.470	7.342	6.241
3	5.182	4.020	5.104	3.212	4.120	4.156	5.346	3.316	5.866	4.266	4.459
4	6.580	5.572	6.172	5.696	5.560	7.384	7.400	6.458	5.134	6.420	6.238

②Friedman 法检验 4 个品牌香肠制品的加权评分统计学差异。

首先统计 10 个感官评价员对 4 个品牌香肠制品排序后的秩次与秩和，见表 6-9。计算 F_{test} 值得 19.44，结果表明在 1%的显著水平下（$F=11.34$），4 个品牌香肠之间在统计学上有差异。

③色泽、风味、质地、咀嚼性 4 个感官因子在不同品牌香肠制品中的差异性。

进一步分析 4 个品牌香肠制品在色泽、风味、质地和咀嚼性 4 个感官因子两两之间是否有差异，需进行多重比较和分组检验。10 个感官评价员对每个感官因子进行排序然后计算出每个感官因子的秩和 R。从小到大将样品排序（品牌 1 用 R_A 表示，品牌 2 用 R_B 表示，品牌 3 用 R_c 表示，品牌 4 用 R_D 表示），见表 6-9、表 6-10。表 6-9 是 10 个感官评价员对香肠制品 4 个感官因子的秩次、秩和排序。把 4 个感官因子的秩和根据表 6-9 的结果排序，如表 6-10 所示。计算临界值 $r(I,\alpha)$。

表 6-9　4 个品牌香肠制品的加权评分秩次与秩和

试验号	品牌 1	品牌 2	品牌 3	品牌 4	秩和
1	4	2	3	1	10
2	4	2	3	1	10
3	2	4	3	1	10
4	3	1	4	2	10
5	4	1	3	2	10
6	3	1	4	2	10
7	4	2	3	1	10
8	4	1	3	2	10
9	3	1	4	2	10
10	3	1	4	2	10
每个样品的秩和值 R	34	16	34	16	100

表 6-10　10 个感官评价员对香肠制品感官因子色泽、风味、质地、咀嚼性秩次和秩和的评价

评价员	色泽				风味				质地				咀嚼性			
	R_A	R_B	R_C	R_D	R_A	R_B	R_C	R_D	R_A	R_B	R_C	R_D	R_A	R_B	R_C	R_D
1	3.5	3.5	2.0	1.0	4.0	1.5	3.0	1.5	3.5	3.5	2.0	1.0	3.5	1.0	2.0	3.5
2	3.5	2.0	3.5	1.0	3.0	2.0	4.0	1.0	4.0	3.0	2.0	1.0	4.0	1.0	3.0	2.0
3	4.0	2.0	3.0	1.0	1.0	2.0	3.0	4.0	1.0	3.5	2.0	3.5	1.5	3.5	3.5	1.5

续表

评价员	色泽				风味				质地				咀嚼性			
	R_A	R_B	R_C	R_D	R_A	R_B	R_C	R_D	R_A	R_B	R_C	R_D	R_A	R_B	R_C	R_D
4	3.5	1.0	3.5	2.0	1.5	1.5	4.0	3.0	3.5	3.5	2.0	1.0	4.0	3.0	2.0	1.0
5	3.0	1.5	4.0	1.5	3.5	2.0	3.5	1.0	4.0	1.0	2.0	1.0	3.0	2.0	4.0	1.0
6	3.0	2.5	2.0	2.5	4.0	2.0	3.0	1.0	4.0	1.0	3.0	2.0	4.0	1.5	3.0	1.5
7	4.0	2.0	3.0	1.0	3.0	2.0	2.5	2.5	3.0	4.0	2.0	1.0	4.0	2.5	2.5	1.0
8	4.0	1.0	3.0	2.0	3.0	2.0	4.0	1.0	4.0	1.0	2.0	3.0	4.0	3.0	2.0	1.0
9	4.0	1.5	3.0	1.5	3.5	1.0	3.5	2.0	4.0	1.5	1.5	3.0	4.0	1.0	2.0	3.0
10	2.0	1.0	4.0	3.0	1.0	2.0	4.0	3.0	4.0	2.5	2.5	1.0	3.5	1.5	3.5	1.5
秩和	34.5	18.0	31.0	16.5	27.5	18.0	34.5	20	34.0	27.5	20.0	18.5	35.5	20.0	27.0	17.0

以下列的顺序检验上述4个感官因子秩和的差数,最大减最小、最大减次小……最大减次大,然后次大减最小,次大减次小。依次减下去,一直到次小减最小。

$R_{AP}-R_{A1}$ 与 $r(P,\alpha)$ 比较;$R_{AP}-R_{A2}$ 与 $r(P-1,\alpha)$ 比较;

……

$R_{AP}-R_{AP-1}$ 与 $r(2,\alpha)$ 比较;$R_{AP-1}-R_{A1}$ 与 $r(P-1,\alpha)$ 比较;

……

$R_{A2}-R_{A1}$ 与 $r(2,\alpha)$ 比较;

若相互比较的两个样品的秩和之差 $R_{Aj}-R_{Ai}(j>i)$ 小于相应的 r 值,则表示这2个样品以及秩和位于这2个样品之间的所有样品无差异,在这些样品下面可用一横线表示,即:$A_iA_{i+1}A_j$,横线内的样品不必再作比较。若相互比较的2个样品 A_j 与 A_i 的秩和之差 $R_{Aj}-R_{Ai}$ 大于或等于相应的 r 值,则表示这2个样品之间有差异,其下面不画横线(表6-12)。

查 $q(I,\alpha)$ 表,可得:

$r(4,0.05)=14.77$;$r(3,0.05)=13.47$;$r(2,0.05)=11.27$。

从表6-11和表6-12可以看出,在色泽这个感官因子上,香肠品牌1、2、3、4之间都具有统计学差异($\alpha=0.05$)。风味因子中,4个品牌秩和排列顺序是品牌3>品牌4>品牌1>品牌2,多重分组比较可以看出品牌3与品牌1、2有统计学差异,品牌4、1、2之间无统计学差异($\alpha=0.05$ 水平)。在质地这个感官因子上,4个品牌秩和排列顺序是品牌4>品牌1>品牌3>品牌2,多重比较分组可以看出品牌4与品牌3、2之间有统计学差异,但是品牌1、3、2之间无统计学差异($\alpha=$

0.05)。咀嚼性因子秩和的排列顺序是品牌 2>品牌 3>品牌 4>品牌 1,多重分组比较可以看出品牌 2 与品牌 4、1 之间有统计学差异,但是品牌 3、4、1 之间无统计学差异(α=0.05)。

4 个品牌的香肠制品加工工艺不同,在总体感官上加权评分也存在统计学差异。对于香肠制品的色泽来说,加工工艺对其感官的影响比较大,10 个感官评价员对色泽的评价在统计学上都有差异。对于风味来说,香肠品牌 3 与其他品牌 1、2、4 之间都有差异,香肠 3 的制作工艺是经过冷熏程序的,其他 3 个品牌都没有经过冷熏工艺,冷熏香肠在风味上有其独特性,所以在风味感官因子上品牌 3 具有统计学差异。对于质地来说,品牌 4 与其他 3 个品牌都存在统计学上的差异,可能是品牌 1、2、3 用的原料比较碎的缘故,另外氯化钠的使用量也会影响火腿的质地。对于咀嚼性来说,品牌 2 的工艺程序少可能是造成咀嚼性有差异的原因。

表 6-11 各感官因子秩和 R_p 排序结果

指标	排序			
色泽	R_D	R_C	R_B	R_A
秩和值(R_p)	34.5	31.0	18.0	16.5
风味	R_C	R_D	R_A	R_B
秩和值(R_p)	34.5	27.5	20.0	18.0
质地	R_D	R_A	R_C	R_B
秩和值(R_p)	34.0	27.5	20.0	18.5
咀嚼性	R_B	R_C	R_D	R_A
秩和值(R_p)	35.5	27.5	20.0	17.0

表 6-12 4 个品牌香肠的 4 个感官因子秩和排序检验表

	色泽	风味	质地	咀嚼性
有差异	R_D-R_A=34.5-16.5=18.0>r(4,0.05)=14.77	R_C-R_B=34.5-18=16.5>q(4,0.05)*4.07=14.77	R_D-R_B=34.0-18.5=15.5>q(4,0.05)*4.07=14.77	R_B-R_A=35.5-17.0=18.5>q(4,0.05)*4.07=14.77
	R_D-R_B=34.5-18.0=16.5>r(3,0.05)=13.47	R_C-R_A=34.5-20.0=14.5>q(3,0.05)*4.07=13.47	R_D-R_C=34.0-20.0=14.0>q(3,0.05)*4.07=13.47	R_B-R_D=35.5-20.0=16.5>q(3,0.05)*4.07=13.47
	R_C-R_B=31.0-18.0=13.0>r(2,0.05)=11.27	—	—	—

续表

	色泽	风味	质地	咀嚼性
无差异	—	$R_D - R_B = 27.5 - 18.0 = 9.5 < q(2, 0.05) * 4.07 = 11.27$	$R_A - R_B = 27.5 - 18.5 = 9.0 < q(2, 0.05) * 4.07 = 11.27$	$R_C - R_A = 27.5 - 17.0 = 10.0 < q(2, 0.05) * 4.07 = 11.27$
结果	R_A R_B R_C R_D	R_A R_B R_C R_D	R_A R_B R_C R_D	R_A R_B R_C R_D

注:—表示无数据。

(3)结论

用0~4分法计算市售香肠的4个感官因子色泽、风味、质地和咀嚼性的权重值,分别是0.238、0.304、0.200和0.258。用权重计算出的香肠加权评分,排序结果是品牌2(6.241)>品牌4(6.238)>品牌1(4.526)>品牌3(4.459)。Friedman法检验4个品牌香肠加权分之间在统计学有差异(α=0.01)。

经多重分组和比较,色泽排序品牌4>品牌3>品牌2>品牌1,风味排序品牌3>品牌4>品牌1>品牌2,质地排序品牌4>品牌1>品牌3>品牌2,咀嚼性排序品牌2>品牌3>品牌4>品牌1。这与加权评分法的排序完全不同。并且,从多重分组和比较可以看出色泽感官因子香肠品牌1、2、3、4之间统计学上都有差异(α=0.05)。风味感官因子品牌3与品牌1、2统计学有差异,质地感官因子品牌4与品牌3、2之间统计学上有差异,咀嚼性感官因子品牌2与品牌4、1之间有统计学差异。

以上内容摘抄自"吕艳春.加权评分法和Friedman检验法对4种香肠制品的感官评价[J].食品安全质量检测学报,2019(15):22."

6.3 不同盐度养成河蟹的感官评价

为了分析在4种不同盐度下(0‰、6‰、12‰和18‰)养成河蟹的感官品质间的差异,针对其风味和色泽主要进行了人工感官评价和智能感官评价。主要实验流程和结果如下。

(1)实验方法

①排序检验。

挑选已经过筛选和培训的有经验的感官评价人员9名,4男5女,前提必须对河蟹敏感且喜欢食用。在感官评价前两个月进行河蟹相关的感官强化培训,每周进行1~2次,包括河蟹的食用方法、河蟹各可食部位特定风味的强度判别、不同产地或品种河蟹的感官区分等,培训次数不小于 10 次,并保证评价员每次均有河蟹食用,以保持其对河蟹的敏感性。

对实验样品进行感官评价时共分两组进行,雌雄分开,每组共有盐度 0‰、6‰、12‰和 18‰四个样品,随机编号后交由评价员对其整体的喜好性进行排序。所有的排序结果参考国标 GB/T 12315—2008/ISO 8587:2006 进行处理,大致处理流程如下:四组样品的秩次分配如下,排名第一即喜好性最优的计为 4,排名第二为 3,第三为 2,第四为 1,如果出现排序相等的情况则将两个排序位置的秩和除以 2,以平均数计;求得每个样品的秩和及两两样品间的差值;利用 Friedman 检验计算样品间具有差异的最小显著差(LSD),公式见下方;将两两样品间的秩和差与 LSD 值比较,确定样品间是否存在显著性差异。

$$\mathrm{LSD}=1.96\sqrt{\frac{JP(P+1)}{6}}$$

其中,J 代表评价员的个数;P 代表样品数。

②评分法。

针对河蟹食用的特点及样品可能存在的差异点,共对 7 个指标进行感官强度打分,评分表如表 6-13 所示。其中色泽和气味是针对河蟹整体而言,不需要对体肉和性腺+肝胰腺分别打分,由于两个部位滋味差别显著,分开进行打分。共分 9 个强度,分数为 1~9 分,1 分为最弱,9 分为最强。

表 6-13　不同水体盐度下河蟹的感官强度评分表

序号	部位	色泽	气味	滋味				
				鲜味	甜味	咸味	苦味	腥味
273	体 肉							
	性腺+肝胰腺							

③电子眼检测。

采用阿尔法莫斯公司(Alpha M. O. S)的 IRIS 型电子眼对蟹壳的整体色泽进行区分,其工作模块主要包括感光室、光源、CCD 摄像头和数据处理工作站。其中全封闭的感光室用于色彩比色板的校准和样品的放置,其顶端和底部各安装了 12 个 6500 K 可控的高频稳定光源,1600 万像素的高分辨 CCD 摄像头用于获取样品综合外观和色泽信息,数据处理工作站用于对所得数据的分析建模。

在获取样品的图片信息后,手动调节除样品外背景的 RGB 色彩的透过率,在工作站中扣除样品以外的背景信息,避免除样品外的任何色泽信息影响对样品的处理。工作站会将所有颜色区分为4096个色块,计算样品中每个色块所占整体颜色的比例,给出实验样品的色块分布图,进而对这4096个色块进行主成分分析(PCA),对其综合色泽进行区分和判定,主要流程如图6-2所示。

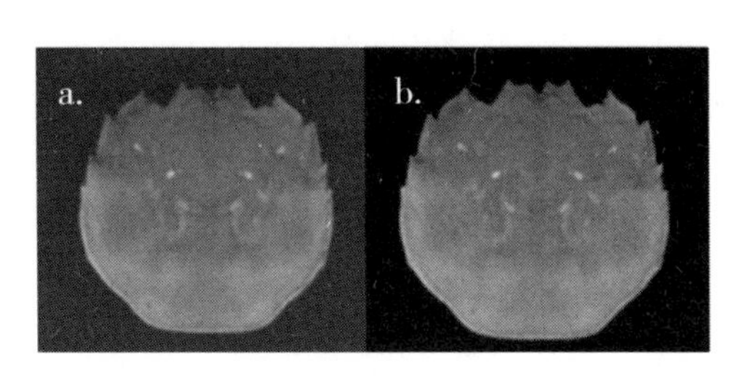

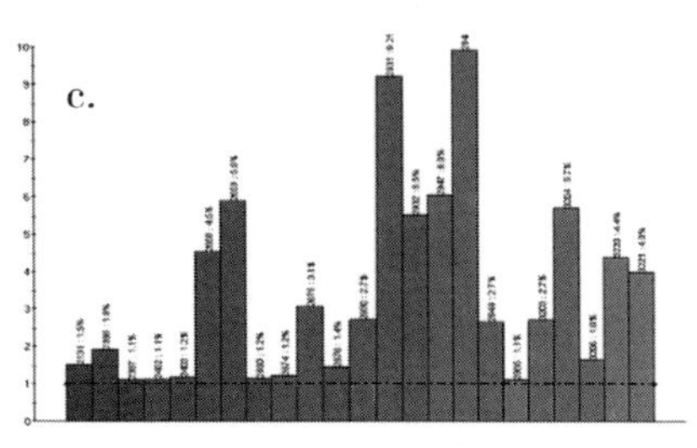

图6-2 IRIS电子眼处理流程(a为原始图,b为扣除背景的图,c为色块占比图)

④ 电子鼻的测定。

采用Fox 4000对河蟹不同可食部位的整体气味进行区分,该电子鼻系统包括18根传感器,分别为:组A:T30/1,P10/1,P10/2,P40/1,T70/2,PA/2;组B:P30/1,P40/2,P30/2,T40/2,T40/1,TA/2;组C:LY2/LG,LY2/G,LY2/AA,LY2/GH,LY2/gCTL,LY2/gCT。

取2.00±0.01 g样品于15 mL顶空瓶中,置于自动进样系统的低温托盘中(防止测定时间较长引起变质,温度控制在4℃左右)。测定前在50℃金属浴中振摇600 s(保证样品的中心温度稳定在50℃),进样器温度设置为60℃,进样体积2500 mL,1 s内注射到进样管路中,进样载气为干净的空气,流速150 mL/min,记录18根传感器在120 s内的最高响应值用于后续分析。单个样品进样完毕后以干净空气吹扫10 min,防止上一样品气味的残留,而后自动进行下一个样品的分析。

⑤电子舌的测定。

准确称取5.00 ± 0.01 g待测样品,加入50 mL超纯水,匀浆均质2 min,超声5 min,室温下静置30 min。取均质液12000 r/min下4℃离心15 min,吸取上层清液,沉淀再次用30 mL超纯水溶解,重复上述步骤,合并上清液。为了防止脂质含量过多对传感器造成伤害,将上清液在4℃下的分液漏斗中静置30 min,取下层水溶液定容至100 mL待测。

该Astree电子舌系统配备了UMS、GPS、SWS、SRS、STS、SPS和BRS 7根传感器,其中UMS、SRS和STS为3根专一性传感器,分别对鲜味、酸味和咸味具有专一响应,其余4根为特异性传感器,采用Ag/AgCl作为参比电极。测定时每个样品的数据采集时间为120 s,记录第120 s时传感器的响应值用于后续分析。

(2)实验结果

①不同水体盐度下河蟹的人工感官评价。

四个盐度下雌蟹和雄蟹喜好性排序的评分结果如表6-14所示。9个评价员对不同盐度下河蟹的喜好性并不一致,由总秩和可以看出评价员更倾向于食用有盐度组的河蟹,其秩和均高于无盐度组的河蟹。依据公式求得该感官分析下的LSD值为10.73,也就是说当两组之间的秩和差大于该值时才有显著性差异,检验结果如表中所示,在同一横线下代表两者之间没有显著性差异。对雌蟹而言,无盐度组和低盐度组间,中盐度组和高盐度间以及低盐度组和中盐度组间没有显著性差异,但中、高盐度组与无盐度组间均有显著性差异。同理,雄蟹中无盐度组和低盐度组,低盐度组和中盐度组以及中盐度组和高盐度组间没有显著性差异,中、高盐度组间具有显著性差异。结合秩和的大小,表明中、高盐度组的喜好性显著优于无盐度组,即人们更喜欢食用盐度较高时育肥得到的河蟹。此外,虽然低盐度组和无盐度组间并没有显著性差异,但其秩和评分要高于无盐度组,表明盐度育肥能够增加人们对河蟹的喜好性,且在中、高盐度下能显著提升。

表6-14 不同水体盐度下河蟹的喜好性感官分析

感官员	雌性				雄性			
	0‰	6‰	12‰	18‰	0‰	6‰	12‰	18‰
1	1	2	4	3	1	2	4	3
2	2	1	4	3	3	1	2	4
3	2	1	4	3	2	1	4	3
4	1	3	4	2	2	1	3	4
5	2	1	4	3	2	1	4	3
6	1	2	4	3	1	2	3	4
7	2	4	1	3	1	4	2	3
8	2	4	4	3	1	2	3	4
9	1	2	3	4	2	3	1	4
秩和	15	20	29	26	15	20	26	29
LSD	0‰ 6‰ 18‰ 12‰				0‰ 6‰ 18‰ 12‰			
检验结果	——				——			

为了进一步探明是哪些感官指标影响评价员对不同盐度下河蟹整体感官品质的喜好性,分别用强度打分法对河蟹的整体色泽、气味及鲜味、甜味等滋味指标进行了分析。对色泽和气味的整体评价如图6-3所示。

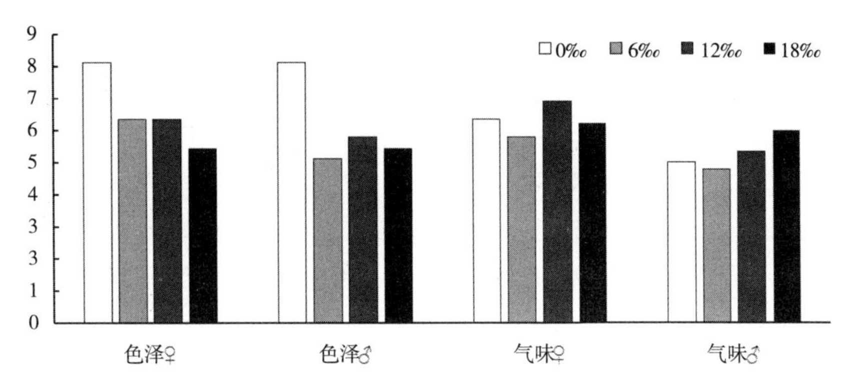

图 6-3 不同水体盐度下河蟹色泽和气味的感官评价

河蟹的色泽在有盐度的情况下发生了显著下降（$P<0.05$），在低、中和高三个盐度组下并没有明显变化，气味则在所有盐度下均没有显著变化。虽然色泽下降明显，但结合总体喜好性分析来看，评价员对于色泽变化的可接受度较高，即色泽在评价员判定河蟹整体喜好度时所占的权重并不高，较高的色泽评分并没有改变评价员对无盐度组整体喜好性的判定。在感官评价中评价员亦表示滋味在不同样品间具有更明显的差异。河蟹各可食部位的滋味轮廓见图 6-4。

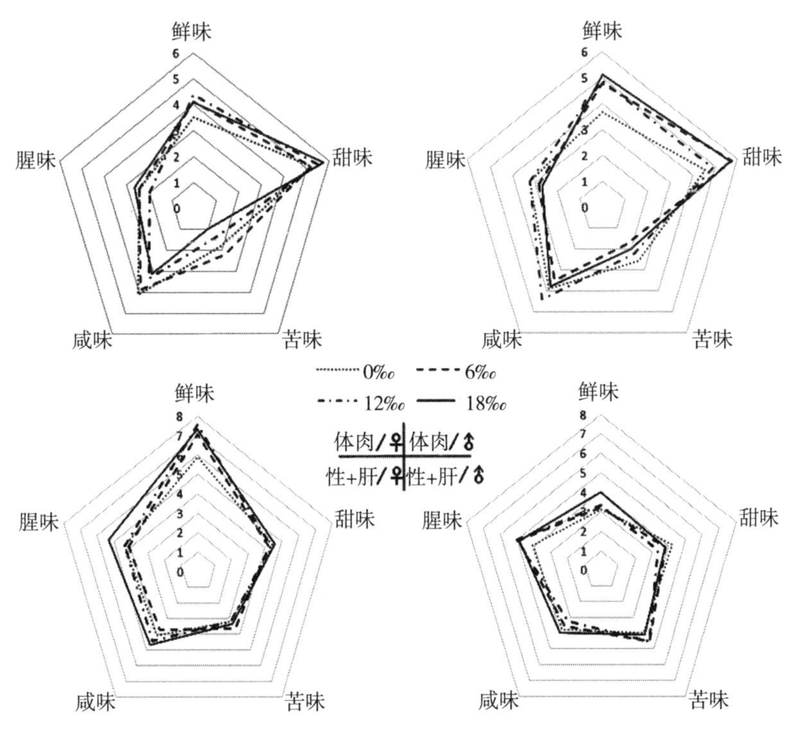

图 6-4 不同水体盐度下河蟹滋味轮廓图

鲜味和甜味是河蟹体肉典型的滋味,其在不同盐度下的人工感官评价表明水体盐度对河蟹体肉的滋味品质有一定的影响。水体盐度的增加能够提升滋味中鲜味和甜味的感受程度,而且在雄蟹中提升的幅度更大,但在低、中、高三个盐度下河蟹体肉的鲜美程度并不能很好区分,表现为其强度值较为接近,评价员并不能区分这些细微的差别。此外,存在水体盐度时,体肉的咸味有所增加,苦味有所降低。雌蟹性腺+肝胰腺的鲜味程度远高于体肉,这也是深受东亚消费者喜爱的主要原因之一,其在水体盐度的影响下,鲜味程度也有较大幅度的提升。雌蟹性腺+肝胰腺的腥味在高盐度下波动较大,其余滋味轮廓在不同盐度下的变化不明显。雄蟹性腺+肝胰腺的鲜味仅在高盐度下有所提升,但其强度仍不及体肉,腥味在有盐度时有所升高,甜味则降低。虽然感官评价的结果表明有一些滋味的味道强度发生了变化,但由于评价员个人的主观性及味道强度无法客观定量等原因,只有雄蟹体肉和雌蟹性腺+肝胰腺的鲜味强度具有显著性差异(与无盐度组比,$P<0.05$),因此很有必要对不同盐度下的河蟹进行智能感官评价,明确量化它们之间的差异,解释或进一步阐述其感官品质的差异。

②不同水体盐度下河蟹的电子眼评价。

对河蟹的整体色泽进行分析,调用电子眼工作站中色泽模块的前处理,将蟹壳 4096 个色块所占的比例作为响应值,对其进行主成分分析,结果如图 6-5 所示。图中 PC1 和 PC2 两个主成分的累计方差贡献率为 75%,表明在降维分析的过程中,这两个主成分因子能够携带所有信息的四分之三,即可从较大程度上反

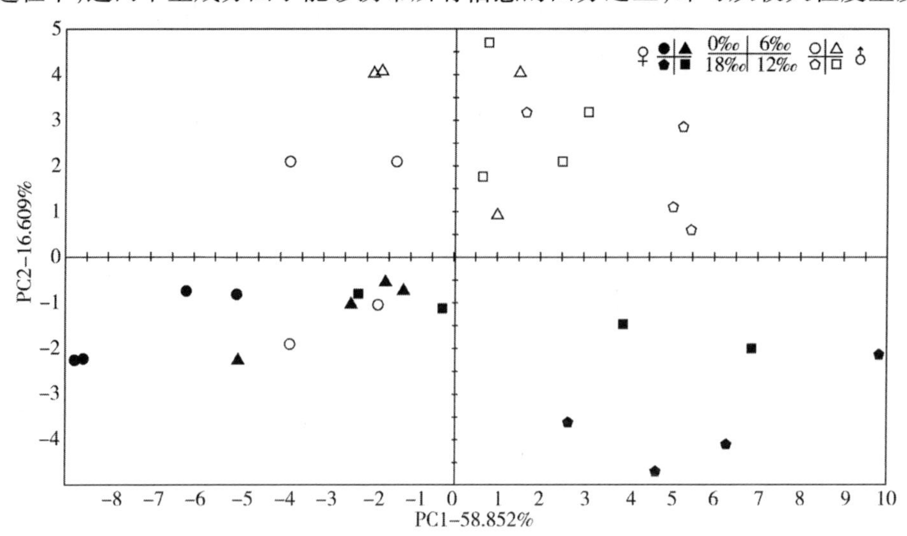

图 6-5 不同水体盐度下河蟹整体色泽的主成分分析(PCA)图

映所有信息的总体趋势。雌蟹和雄蟹蟹壳的整体色泽能够得到较好的区分，表现为雌蟹的样品点均在图中横轴的下方，而雄蟹的样品点也仅有0‰下的两个点在横轴之下。图中单个样品之间的差异较大，每个样品的四个平行点多数情况下比较分散，但仍能看出相应的趋势：从X轴方向由小至大（从左至右），雌蟹蟹壳的颜色排序依次为0‰、6‰、12‰和18‰，且高盐度下其色泽的差异与前几者相差更大；雄蟹亦有相同的趋势，但其聚集度更密，表明其蟹壳在不同盐度下的差异较雌蟹更小。然而导致这一差异的原因受PCA分析方法本身所限，并不能从主成分中得知，有待进一步分析。

③不同水体盐度下河蟹的电子鼻评价。

虽然不同水体盐度下河蟹总体气味的感官评分差异不大，但其各可食部位间的差异却有一定的规律可循（图6-6）。所有PCA图的PC1+PC2的贡献率均在97%以上，表明图中丢失的信息极少，基本包含了所有传感器对气味品质影响的信息。性腺的气味雌雄间的差异最明显，标准地分布于PCA图的两侧；雌蟹中无盐度组的气味与有盐度组有明显的区分，但不同盐度下的气味无法明确区分；雄蟹性腺中高盐度组的气味聚集在PCA图的右上侧，向Y轴（PC2方向）负方向的变化依次为低盐度组和无盐度组，无盐度组单个样品间的差异性更大。河蟹

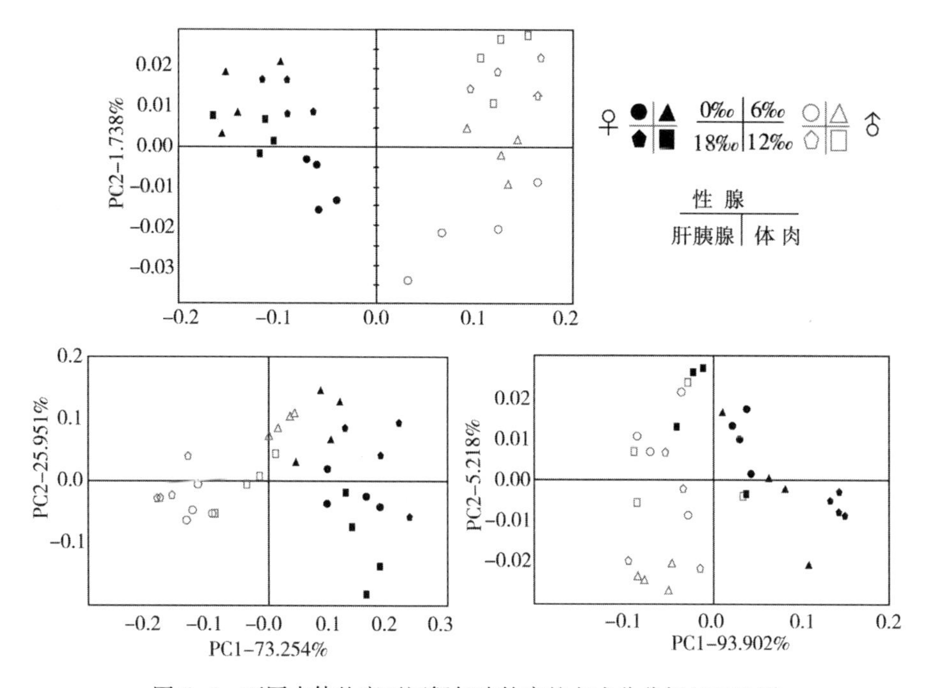

图6-6　不同水体盐度下河蟹气味轮廓的主成分分析（PCA）图

肝胰腺在雌蟹之间也无重复区域,表明其差异也能得到区分;雌蟹肝胰腺中无盐度组和高盐度组的气味不能完全区分,而中、低盐度组较为接近但能完全被区分;雄蟹中无盐度组和中盐度组、低盐度组和高盐度组均有重复区域,但它们作为两个整体,有很好的区分度,分别位于X轴线的下侧和上侧。和性腺相比,雌雄河蟹体肉的气味与肝胰腺较为相似,且不同盐度下整体的区分效果并不理想,只有高盐度下的雌蟹和低盐度下的雄蟹较为稳定,有明显聚集,其他盐度下体肉气味单个样品间的差异也较大。

④不同水体盐度下河蟹的电子舌评价。

图6-7中各PC1+PC2的贡献率均在90%以上,表明图中的信息能够充分地反映不同盐度对河蟹滋味品质的影响。仅从电子鼻和电子舌中所有PCA图各组分的区分效果来看,滋味轮廓的区分要明显优于气味,这有可能是不同水体盐度对河蟹滋味的影响更大,从而造成了它们之间差异更大,更易被区分。

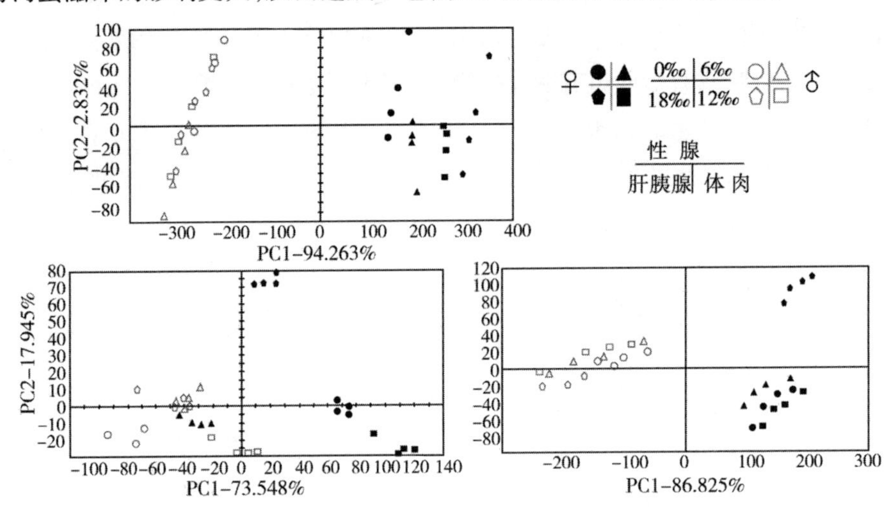

图6-7　不同水体盐度下河蟹滋味轮廓的主成分分析(PCA)图

雌蟹所有的可食部位在不同盐度下均有很好的区分,而且其PCA图均表明这些区分都存在一个与之线性的变量,而这个变量的变化能够明显地区分不同盐度下育肥的河蟹。在雌蟹的性腺中,沿X轴(PC1方向)从左至右,依次为0‰、6‰、12‰和18‰盐度下的河蟹,而且每个盐度下性腺的滋味轮廓有明显的区分,这表明PC1这一主成分的变化与不同盐度下雌蟹性腺的滋味品质有高度的相关性。在肝胰腺和体肉中也存在这种现象,只是并不是沿PC1方向,而是某个特定的方向,或者可以称为某个主成分在旋转降维后的新变量,而该变量的变化与不同盐度下滋味的变化呈线性相关。雄蟹的性腺和体肉在这一变量上也有一定的相关性(其不同盐度下的样品变化主要集中在这一方向,而单一样品间变化集中在与之垂直的方向),但其相关性和不同样品间的区分度则均要弱很多。雄蟹的肝胰腺在不同盐度下能得到很好区分,而且与雌蟹低盐度下的滋味较为接近,其低盐度与高盐度之间的滋味更为相近,中盐度下的滋味更为独立和不同。

在研究水体盐度对性腺滋味轮廓的PCA图时,电子舌的工作站给出了完成这一区分时各传感器所提供的贡献度,1为最高,表示其贡献最大,亦可以理解为这一区分在这根传感器上的变化程度最大。其中UMS和GPS的贡献度最高,接近0.94,而UMS作为鲜味的专一性传感器,与鲜味程度有着很好的相关性。图6-8展示了电子舌系统根据这一传感器在不同样品中响应值的变化得到的其对应的鲜味强度值,可以得到与PCA图(图6-7,性腺)中一致的规律,因此可以断定图中PC1主成分的主要构成为UMS的响应值,即鲜味强度上的变化。图6-9则进一步分析了其响应值与鲜味感官评价值之间的相关性,其相关系数高达0.95。结合所有对雌蟹性腺的感官评价结果可以得到以下结论,水体盐度对雌蟹性腺的滋味具有显著影响,而其滋味的主要差异集中体现在鲜味强度上,即水体盐度对雌蟹性腺的鲜味品质有明显的影响。此外,在其他部位滋味感官品质的评价上并未找到相似的结果。

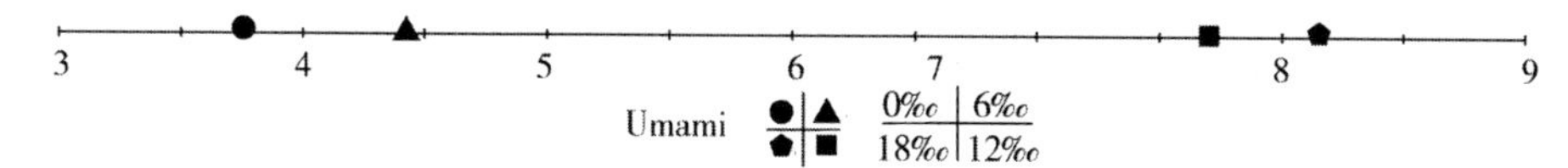

图6-8 不同水体盐度下雌蟹性腺的鲜味强度(UMS传感器)

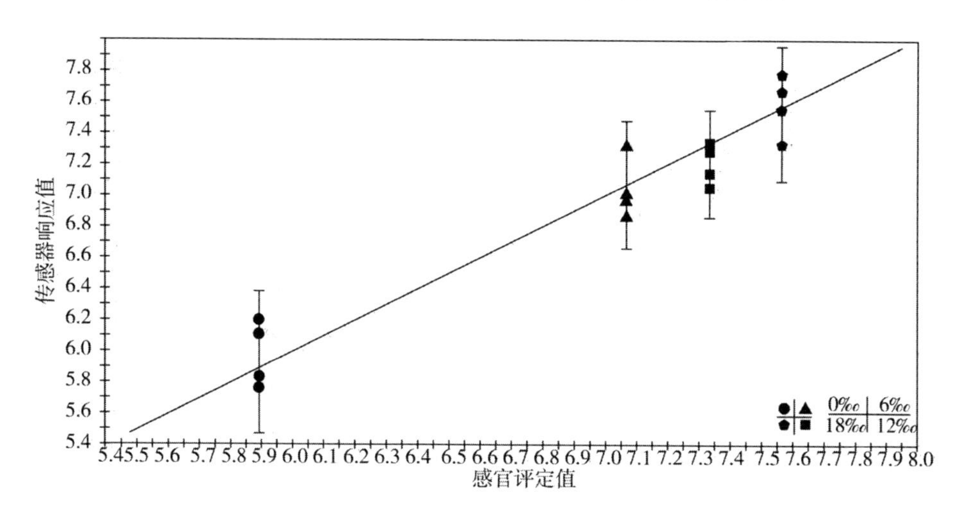

图6-9 雌蟹性腺的UMS传感器响应值与其鲜味感官评分的相关性

(3)结论

采用人工感官评价和智能感官评价对不同水体盐度下养成的河蟹进行了色泽、气味和滋味等感官品质的评价,并对两种感官评价的结果做出了分析。

①不同水体盐度下河蟹的喜好度排序表明中、高盐度下育肥的河蟹更受评价人员的喜爱,与无盐度组和低盐度组的河蟹相比有显著性差异,但雌蟹在低、高盐度下及雄蟹在中、低盐度下无显著性差异。色泽的感官评分表明在有盐度的条件下蟹壳的颜色品质会下降,而气味的综合感官评分表明不同盐度下河蟹的香气品质变化不大。不同水体盐度下河蟹各可食部位的滋味轮廓图显示体肉中有盐度组的鲜味和甜味评分增加,而苦味的评分降低;性腺+肝胰腺的评分中鲜味有所增加,腥味略有增加。

②电子眼对不同盐度下蟹壳总体颜色的PCA分析表明无盐度组雌蟹和雄蟹的蟹壳色泽较为接近,与其他盐度组能完全区分(即差异较大),雌蟹的蟹壳在有盐度时的区分效果较为理想(差异较明显),雄蟹则没有很好地区分。

③电子鼻对不同盐度下各可食部位的PCA分析表明,三个可食部位下雌雄差异明显,均能得到较好的区分;性腺中无盐度组与有盐度组差异明显,体肉中高盐度下的雌蟹较为独立,与其他组差异较大。电子舌对不同盐度下各可食部位的PCA分析表明,雌蟹的性腺和肝胰腺以及两种性别的体肉都能有较好的区分,且各盐度下均存在某种趋势,即与某一维度上的主成分有线性相关;进一步分析可知雌蟹性腺在滋味区分上的差异主要体现在鲜味强度的差异上,而这一点在人工感官评价和电子舌系统的评价中都得到了证实。

6.4 啤酒的消费者口味测试

为了全面了解S纯生啤酒口味的消费者接受情况,提供改善S纯生啤酒的风味建议,进行了S纯生啤酒的消费者口味测试。

(1)调查设计

①调查内容。

对比目标区域市场中另外三种纯生啤酒,即S纯生啤酒有力的竞争者,从外观、气味和口感等具体指标测试消费者的接受情况,并找出S纯生啤酒的优势和不足。对比啤酒为珠江纯生啤酒、青岛纯生啤酒和金威纯生啤酒。

②调研方法。

定量问卷是实地抽样调查东莞市莞城、长安、虎门三个地点的消费者,获得有效样本300份。

研究区域为莞城、长安、虎门三个地点；样本量为有效样本数300个；研究方式为定点拦截问卷，访问由调查员主持，受访者填写问卷，每个访问约持续30分钟左右，访问完毕给付调查对象纪念品一份；抽样方法为随机抽样方式；数据处理采用所有有效问卷使用频次分析、相关分析、因素重要性分析等。

③调查问卷。

华润雪花啤酒（东莞）有限公司雪花纯生啤酒口味测试调研问卷

问卷编号：________

测试城市	测试地点	
东莞	莞城	1
	长安	2
	虎门	3

受访者姓名：________　　联系电话：________

受访者家庭住址：________

访问员姓名：________

访问日期：2006年____月____日

访问开始时间：____时____分　　访问结束时间：____时____分

访问持续时间：________

访问员签字：________　　签署日期：2006年____月____日

以下问题如没有注明多选或限选的，则全为单选题。

自我介绍部分：

您好！我是雪花啤酒公司的访问员（出示访问员证件），正在进行一项有关啤酒消费者日常消费习惯方面的调查，您是按照科学方法抽中的对象，您的看法对我们的研究非常重要！这次访问大概会占用您几十分钟的时间，访问结束后我们会有一份小礼品赠送，希望您能接受我们的访问，谢谢！

麦芽香：

麦芽香	产品1（　）	产品2（　）	产品3（　）	产品4（　）
非常浓	5	5	5	5
比较浓	4	4	4	4
适中	3	3	3	3
比较淡	2	2	2	2
非常淡	1	1	1	1

访问员读出：现在请您根据您自己“尝”的感觉对这些测试产品指标的喜欢程度进行评价，5分表示非常喜欢、4分表示比较喜欢、3分表示一般、2分表示不太喜欢、1分表示很不

喜欢。

调查问卷包括主体问卷和消费者背景资料调查。主体调查问卷包括受访者的基本信息、饮酒习惯和场所、看的感觉评价(酒体颜色、酒体透明度、清澈度、酒体新鲜度、泡沫细腻程度、泡沫持久程度、泡沫挂杯表现、泡沫均匀程度)、闻的感觉评价(麦芽香味、酒花香味、外加的芳香物质气味、酒精浓度)和尝的感觉评价(柔和度、杀口力、苦味度、甜味度、酒劲、回味、顺喉、口味协调性)、口味类型选择(清淡型、略清爽型、清爽型、略醇厚型、醇厚型)和总体评价。背景资料调查中包括学历和职业。以下截图为节选样例(表 6-15)。

表 6-15　啤酒口味测试消费者调查问卷节选

喜欢程度评分	产品 1(　　)	产品 2(　　)	产品 3(　　)	产品 4(　　)
柔和度				
杀口力				
苦味				
甜味				
酒劲				
回味				
顺喉				
口味协调性				

(2)调查结果

①啤酒外观测试结果分析。

各类指标喜好度的评价是通过选择 1~5 的分数来进行的,1 分表示非常不喜欢,2 分表示不太喜欢,3 分表示一般,4 分表示比较喜欢,5 分表示非常喜欢。而指标细化的评价分数则不代表任何喜好,只是客观地表示对啤酒指标的一个看法。啤酒外观的具体评价选项如表 6-16 所示。

表 6-16　啤酒外观的具体评价选项

分值	5 分	4 分	3 分	2 分	1 分
酒体颜色	非常深	比较深	适中	比较浅	非常浅
酒体透明度	非常透明	比较透明	一般	不太透明	浑浊
酒体新鲜度	非常新鲜	比较新鲜	一般	不太新鲜	非常不新鲜

续表

分值	5分	4分	3分	2分	1分
泡沫细腻程度	非常细腻	比较细腻	适中	不太细腻	非常不细腻
泡沫持久程度	非常久	比较久	适中	比较短	非常短
泡沫挂杯表现	非常久	比较久	适中	比较短	非常短
泡沫均匀程度	非常均匀	比较均匀	适中	不太均匀	非常不均匀

酒体颜色:金威纯生啤酒最深,S纯生啤酒最浅;酒体透明度:青岛纯生啤酒和珠江纯生啤酒最为透明清澈,S纯生啤酒的不太清澈,金威排在最后;酒体新鲜度:珠江纯生啤酒最为新鲜,S纯生啤酒的比较新鲜,金威纯生啤酒的新鲜度较差;泡沫的四项指标:S纯生啤酒在泡沫的指标上占绝对优势,泡沫细腻程度上珠江纯生啤酒最差,持久程度和均匀程度上金威纯生啤酒和珠江纯生啤酒都比较差,挂杯表现上珠江纯生啤酒的比较差。如表6-17所示。

表6-17 啤酒外观的评价结果

均值	金威纯生	青岛纯生	珠江纯生	S纯生
酒体颜色	4.07	2.81	2.84	2.76
酒体透明度	2.91	3.39	3.38	3.22
酒体新鲜度	3.22	3.28	3.35	3.28
泡沫细腻程度	3.24	3.3	3.18	3.39
泡沫持久度	3.07	3.3	3.07	3.58
泡沫挂杯表现	3.23	3.28	3.06	3.48
泡沫均匀程度	3.11	3.45	3.11	3.44

对于啤酒外观的喜好度评价方面,S纯生啤酒在酒体新鲜度和泡沫持久程度、挂杯表现方面表现最好,酒体颜色方面表现最差。在酒体颜色方面可以借鉴金威纯生啤酒的颜色,酒体透明度方面可以借鉴青岛纯生啤酒。如表6-18所示。

表 6-18　啤酒外观的喜好度评价

均值	金威纯生	青岛纯生	珠江纯生	S 纯生
酒体颜色的喜欢程度	3.52	3.32	3.34	3.29
酒体透明度的喜欢程度	3.09	3.38	3.36	3.29
酒体新鲜度的喜欢程度	3.19	3.24	3.39	3.31
泡沫细腻程度的喜欢程度	3.1	3.45	3.26	3.42
泡沫持久程度的喜欢程度	3.2	3.29	3.15	3.45
泡沫挂杯表现的喜欢程度	3.16	3.38	3.17	3.4
泡沫均匀程度	3.11	3.45	3.11	3.44

两者的相关系数越大,说明啤酒饮用者对啤酒外观的客观评价分数越高,对啤酒外观的喜好度评价就越高。由表 6-19 可以看出,东莞的啤酒饮用者对 S 纯生啤酒的酒体透明度、酒体新鲜度泡沫均匀程度的评价较高,对酒体颜色和泡沫挂杯表现的评价较低。

表 6-19　啤酒外观的客观评价和喜好度的相关性

指标	酒体颜色	酒体透明度	酒体新鲜度	泡沫细腻程度	泡沫持久程度	泡沫挂杯表现	泡沫均匀程度
相关系数	0.27	0.54	0.50	0.44	0.46	0.36	0.36

②啤酒气味的测试结果分析。

各类指标喜好度的评价是通过选择 1~5 的分数来进行的,1 分表示非常不喜欢,2 分表示不太喜欢,3 分表示一般,4 分表示比较喜欢,5 分表示非常喜欢。而各类指标细化的评价分数则不代表任何喜好,只是客观地表示对啤酒指标的个人看法。啤酒气味的具体评价选项如表 6-20 所示。

表 6-20　啤酒气味评价指标

分值	5 分	4 分	3 分	2 分	1 分
麦芽香	非常浓	比较浓	适中	比较淡	非常淡
酒花香	非常浓	比较浓	适中	比较淡	非常淡
外加的芳香物质气味	非常浓	比较浓	适中	比较淡	非常淡
酒精浓度	非常浓	比较浓	适中	比较淡	非常淡

麦芽香:金威纯生啤酒最浓,S 纯生啤酒较淡,青岛纯生啤酒最为清淡;酒花香:金威纯生啤酒最浓,S 纯生啤酒和青岛纯生啤酒最为清淡;外加的芳香物质气味:金威纯生啤酒最浓,S 纯生啤酒较浓,青岛纯生啤酒最淡;酒精浓度:金威纯生啤酒最大,珠江纯生啤酒其次,S 纯生啤酒和青岛纯生啤酒最小。如表 6-21 所示。

表 6-21 啤酒气味的评价结果

均值	金威纯生	青岛纯生	珠江纯生	S 纯生
麦芽香	3.63	2.92	3.18	3.13
酒花香	3.45	3.09	3.27	3.09
外加的芳香物质气味	3.29	3.1	3.12	3.17
酒精浓度	3.68	3.01	3.26	3.02

对于啤酒气味的喜好度评价方面,S 纯生啤酒在外加的芳香物质气味方面表现最好,在酒花香、酒精浓度、麦芽香方面表现较好。如表 6-22 所示。

表 6-22 啤酒气味的喜好度评价

均值	金威纯生	青岛纯生	珠江纯生	S 纯生
麦芽香的喜欢程度	3.48	3.24	3.27	3.35
酒花香的喜欢程度	3.3	3.18	3.29	3.24
外加的芳香物质气味的喜欢程度	3.2	3.11	3.11	3.24
酒精浓度的喜欢程度	3.45	3.02	3.15	3.24

两者的相关系数越大,说明啤酒饮用者对啤酒气味的客观评价分数越高,对啤酒气味的喜好度评价就越高。由表 6-23 可以看出,东莞的啤酒饮用者对 S 纯生啤酒的外加芳香物质气味的评价较高,对其他三项的评价较低。

表 6-23 啤酒气味指标的客观评价与喜好度之间的相关性

指标	麦芽香	酒花香	外加的芳香物质气味	酒精浓度
相关系数	0.36	0.38	0.41	0.35

③啤酒口感的测试结果分析。

各类指标喜好度的评价是通过选择 1~5 的分数来进行的,1 分表示非常不喜欢,2 分表示不太喜欢,3 分表示一般,4 分表示比较喜欢,5 分表示非常喜欢。

而各类指标细化的评价分数则不代表任何喜好，只是客观地表示对啤酒指标的个人看法。啤酒味道的具体评价选项如表 6-24 所示。

表 6-24 啤酒口感的评价指标

分值	5 分	4 分	3 分	2 分	1 分
柔和度	非常柔和	比较柔和	一般	不太柔和	非常不柔和
杀口力	非常杀口	比较杀口	一般	不太杀口	非常不杀口
苦味	非常苦	比较苦	一般	不太苦	一点不苦
甜味	非常甜	比较甜	一般	不太甜	一点不甜
酒劲	非常大	比较大	一般	比较小	非常小
口味协调性	非常协调	比较协调	一般	不太协调	非常不协调

柔和度：S 纯生啤酒的口味是最为柔和的，金威纯生啤酒的最为强烈；杀口力：金威纯生啤酒最为杀口，其次是 S 纯生啤酒，最不杀口的是青岛纯生啤酒；苦味：金威纯生啤酒的苦味最为明显，S 纯生啤酒的较不明显，青岛纯生啤酒的最不明显；甜味：S 纯生啤酒的甜味最浓，金威纯生啤酒的最不明显；酒劲：金威纯生啤酒最大，S 纯生啤酒其次，青岛纯生啤酒最小；口味协调性：珠江纯生啤酒的协调性最好，S 纯生啤酒其次，金威纯生啤酒最差。如表 6-25 所示。

表 6-25 啤酒口感的评价结果

均值	金威纯生	青岛纯生	珠江纯生	S 纯生
柔和度	3.07	3.23	3.3	3.41
杀口力	3.45	3.06	3.17	3.26
苦味	3.53	2.96	3.06	3.03
甜味	2.76	3.05	3.15	3.21
酒劲	3.61	3.01	3.12	3.23
口味协调性	3.08	3.26	3.37	3.35

对于啤酒口感的喜好度评价，S 纯生啤酒在柔和度、杀口力、甜味、顺喉、口味协调性方面表现最好，在回味方面表现最差，可以借鉴珠江纯生啤酒的回味程度。如表 6-26 所示。

表 6-26　啤酒口感的喜好度评价结果

均值	金威纯生	青岛纯生	珠江纯生	S 纯生
柔和度的喜欢程度	3.17	3.36	3.43	3.49
杀口力的喜欢程度	3.29	3.18	3.29	3.42
苦味的喜欢程度	3.26	3.1	3.22	3.24
甜味的喜欢程度	2.83	3.26	3.27	3.29
酒劲的喜欢程度	3.49	3.1	3.09	3.27
回味的喜欢程度	3.26	3.27	3.33	3.22
顺喉的喜欢程度	3.06	3.26	3.34	3.42
口味协调性的喜欢程度	3.04	3.26	3.31	3.32

两者的相关系数越大，说明啤酒饮用者对啤酒口感的客观评价分数越高，对啤酒口感的喜好度评价就越高。由表 6-27 可以看出，东莞的啤酒饮用者对 S 纯生啤酒柔和度和口味协调性的评价较高，对于杀口力和苦味的评价较低。

表 6-27　啤酒口感指标的客观评价和喜好程度的相关性

口感指标	柔和度	杀口力	苦味	甜味	酒劲	口味协调性
相关系数	0.46	0.18	0.23	0.39	0.31	0.50

④S 纯生啤酒口味测试指标重要性分析。

1 区：重要性和满意度都不高区域（见图左上）；

2 区：重要性不高但满意度高区域（见图右上）；

3 区：重要性和满意度都高的区域（见图右下）；

4 区：重要性高和满意度不高的区域（见图左下）。

X 轴代表满意度，Y 轴代表重要性，2、3 区域的指标是表现较好的指标，4 区是有待改善的指标。

由图 6-10 可以看出，表现较好可以继续保持的指标：泡沫细腻程度、泡沫持久程度、泡沫挂杯表现、柔和度、杀口力；有待改善的指标：酒体颜色、酒体透明度、酒体新鲜度、麦芽香、酒花香、口味协调性；表现不佳可暂予搁置的指标：外加的芳香物质气味、酒精浓度、甜味、苦味、酒劲、回味。

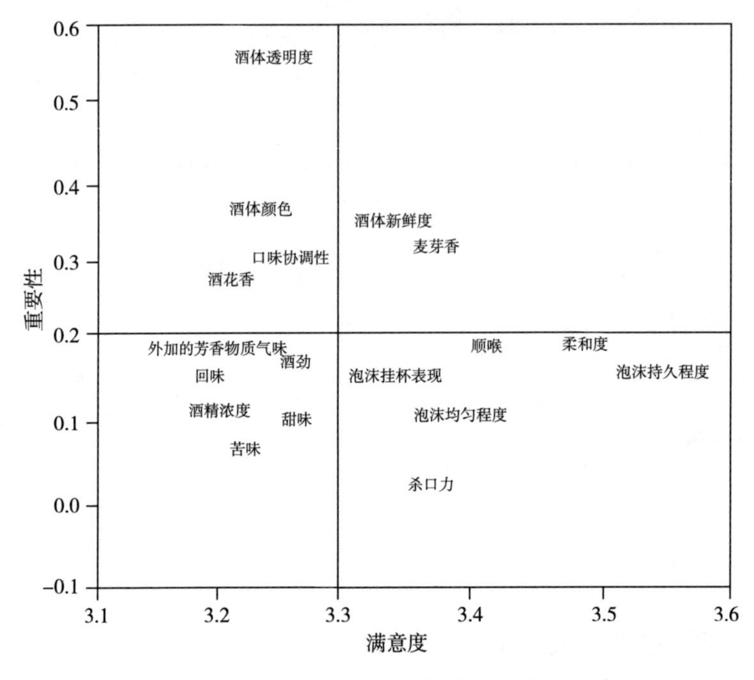

图 6-10　S 啤酒口味指标重要性分析

以上内容摘抄自“梁庆凯. 华润雪花啤酒(东莞)有限公司雪花纯生啤酒口味测试调研报告[D]. 吉林大学,2007. ”

7　典型食品及消费品的感官评价

7.1　白酒

白酒是蒸馏酒，它是以富含淀粉或糖类成分的物质为原料，加入酒曲酵母和其他辅料，经过糖化发酵蒸馏而制成的一种无色透明的、酒精度较高的酒水饮料。

(1)白酒品评要点(参考《GB/T 33404—2016 白酒感官品评导则》)

品评白酒的正确顺序应是先观色，再闻香，后尝滋味，最后综合色、香、味的特点来判断酒的风格(即典型性)。

①色泽透明度鉴别。

将白酒注入品酒杯中，在光源及白色背景下(如以白纸或白布作衬托)，采用正视、俯视及仰视方式，观察酒的色泽等。然后轻轻摇动，观察酒液澄清度、有无悬浮物和沉淀物。正常情况下酒体不得有悬浮物、浑浊和沉淀，酒液应透明。杯壁上不得出现环状不溶物。冬季如果白酒中有沉淀，可尝试用水浴加热到30~40℃，如沉淀消失则为正常。

②香气鉴别。

最好使用大肚小口的玻璃杯，将白酒注入杯中，将酒杯置于鼻下10~20 mm左右处微斜30°，头略低，采用匀速舒缓的吸气方式嗅闻其静止香气，嗅闻时只能对酒吸气，不要呼气。然后稍加摇晃，增大香气挥发聚集，然后嗅闻。也可倒几滴酒在手掌心，稍搓几下再嗅，可鉴别香气的浓淡程度与香型是否正常。也可以将酒倒出适量，置于手背，辨别酒香的浓淡、真伪、留香长短和好坏。或用滤纸吸取适量酒液，放在鼻间细闻，后将滤纸放置一段时间，继续闻香，确定放香的时间长短和香气的浓淡，也可以辨别酒液中有无邪杂气味及气味大小。评完酒样，还可以将酒倒掉，留下空杯，放一段时间甚至过夜，可检验酒的空杯留香。

凡香气协调，有愉悦感，主体香突出，无其他的邪杂气味，溢香性又好，一倒出就香气四溢、芳香扑鼻，均能说明酒中香气物质较多。白酒的香气可分为：溢香(放香)，白酒中风味物质溢散于杯口附近所感受的香气；喷香(入口香)，白酒入口时,风味物质充满口腔而感受到的香气,喷香性好的酒,一入口香气就充满整个口腔,大有喷冲之势,说明酒中含有低沸点的香气物质较多;空杯留香,盛过白酒的空杯放置一段时间后,仍能嗅闻到香气,留香性好的酒咽下后,口中余香明显,更甚者酒后打嗝时,还有令人舒适的特殊香气喷出,说明酒中的高沸点酯类物质较多。中国传统名酒中的五粮液,是以喷香著称,而贵州茅台酒则是以留香而闻名。总之,白酒不应该出现异味,诸如焦糊味、腐臭味、泥土味、糖味等。

③滋味鉴别。

品尝时,应先从香味较淡的酒样开始品评,把有异香或暴香的酒样放到最后品尝,防止评价员的味觉受刺激过大而失灵。品尝时,应将酒液啜吸入口腔,然后吐出或咽下。要使酒液与舌头的各个部分充分接触,分析嘴里酒的各种味道变化情况:酒液是否爽净、柔和、醇厚、甜、辣、涩等,还要注意各种味道之间是否协调、刺激强弱、有无杂味、余味如何,要注意余味时间长短,还有饮后是否愉快等。高度酒每次入口可略少,低度酒可适当增大入口量。在初次品尝以后可适当加大入口量,以鉴定酒的回味时间长短、余味是否干净,是回甜还是后苦,有无刺激喉咙等不愉快的感觉。酒液在口腔中停留的时间不宜过长,否则可造成味觉疲劳。每次品尝后可用清水漱口。应根据几次尝味后形成的综合印象来判断酒的优劣,写下综合评语。白酒的滋味有浓厚、淡薄、绵软、辛辣、纯净和邪味之分,酒咽下之后又有回甜、苦辣之别。白酒的滋味评价以醇厚、无异味、无强烈刺激性为上品。

④白酒的典型性。

白酒的风格又称为酒体、典型性,主要指酒的色、香、味的综合表现。酒的典型性的形成是由原料、生产工艺过程、环境、勾兑等共同影响的。1979 年第三届全国评酒会将白酒划分为酱香型、浓香型、清香型、米香型和其他香型等。对多种酒进行品评时,常常将属于不同类别的酒分别编组品评,以便同类比较。判断某种酒是否具有应有的典型风格并能在品评后准确给分,要求品酒员必须了解该种酒的特点和工艺要求等,并能对所评酒的色、香、味有一个综合的认识,然后再通过品评、对比和判断,最终给该种酒定性。各种名优白酒风格都很独特,典型性突出。评酒员的经验对其是否能真正评判出某种酒的风格起决定性作用。优质白酒总的特点应是酒液清澈透明,质地纯净,芳香浓郁,回味悠长,余香不尽。

(2)影响白酒品质的因素

①白酒的变色。

用未经涂蜡的铁桶盛放呈酸性的白酒时,铁质桶壁容易被氧化还原而使酒的颜色变为黄褐色。使用含锌的铝桶,酒可能会变为乳白色。

②白酒的变味。

除了原料和加工过程的影响外,有的白酒因盛酒的容器有异味,如在流动转运过程中用新制的酒箱盛装,会染上木材的苦涩味。

不论是变色还是变味的白酒,都应先查明原因。一些经过特殊处理后、可恢复原有品质的酒可以继续饮用,否则不适于饮用或只能改作他用。

(3)白酒的具体评价要求(参考《GB/T 10345—2007 白酒分析方法》)

①原理。

感官评价是指评酒者通过眼、鼻、口等感觉器官,对白酒样品的色泽、香气、口味及风格特征的分析评价。

②品酒环境。

品酒室要求光线充足、柔和、适宜,温度为20~25℃,湿度约为60%。恒温恒湿,空气新鲜,无香气及邪杂气味。

③评酒要求。

评酒员要求感觉器官灵敏,经过专门训练与考核,符合感官分析要求,熟悉白酒的感官评价用语,掌握相关香型白酒的特征;评语要公正、科学、准确;品酒杯外形及尺寸见国家标准推荐。

④品评。

a. 样品的准备:

将样品放置于20±2℃环境下平衡24 h(或于20±2℃水浴中保温1 h)后,采取密码标记后进行感官评价。

b. 色泽:

将样品注入洁净、干燥的品酒杯中(注入量为品酒杯的1/2~2/3),在明亮处观察,记录其色泽、清亮程度、沉淀及悬浮物情况。

c. 香气:

将样品注入洁净、干燥的品酒杯中(注入量为品酒杯的1/2~2/3),先轻轻摇动酒杯,然后用鼻进行闻嗅,记录其香气特征。

d. 口味:

将样品注入洁净、干燥的品酒杯中(注入量为品酒杯的1/2~2/3),喝入少量样品(约2 mL)于口中,以味觉器官仔细品尝,记下口味特征。

e. 风格:

通过品评样品的香气、口味并综合分析,判断是否具有该产品的风格特点,并记录其典型性程度。

(4)白酒品评方式和专业术语(参考《GB/T 33404—2016 白酒感官品评导则》)

①品评方式。

一般有明评、暗评两种方式。明评又分为明酒明评和暗酒明评。明酒明评是对已知信息的白酒品评,讨论形成集体评价结果的评酒方式。通常会公开酒名,评酒员之间明评明议,最后统一意见,打分、写评语,并排出酒的名次顺序,个别意见只能保留。这种评酒方法可用于在企业内部确定产品质量,给酒分等定级等。在酒类评优过程中,如果酒样和评酒员都很多,为了使酒样之间的打分不致相差太悬殊,争取意见统一或相近,也可以部分采用明评明议的方法。暗酒明评是对未知信息的白酒品评,讨论形成集体评价结果的评酒方式。通常不公开各酒样的名称,酒样由制样人员倒入编好号的酒杯中,由评酒员集体评议,最后统一意见,打分、写评语,并排出酒的名次顺序。

暗评即盲评,是对未知信息的白酒品评,分别形成独立评价结果的评酒方式。通常将酒样用编码编号,从倒酒、送酒、评酒一直到统计分数、写综合评语、排出名次顺序的全过程分段保密,最后再揭晓评酒结果。评酒员作出的评酒结论具有权威性。一般产品的评优、质量检验均采用这种方式。

②专业术语。

a.浓香型白酒品评术语:

色泽:无色透明,清澈透明,清亮透明,晶亮透明,无沉淀,无悬浮物,微黄,浅黄,乳白,稍浑浊,有悬浮物,有沉淀等。

香气:浓郁,较浓郁,明显,不明显,有陈味,有焦糊味,有异味等。

口味:绵甜醇厚,醇和,甘润,甘冽,爽净,柔顺,平淡,淡薄,香味谐调,香味较谐调等。

风格:白酒符合具有浓郁的己酸乙酯为主体的复合香气;酒体具有醇和谐调,绵甜爽净,余味悠长的风味特点。

b.清香型白酒品评术语:

色泽:与浓香型类似。

香气:清香纯正,馥郁,较纯正,不明显,带异香,不具清香等。

口味:绵甜爽净,绵甜醇和,香味谐调,酒体醇厚,入口冲,冲辣,落口爽净,尾净,回味长,回味短,后味杂,寡淡,有邪杂味,涩,稍涩等。

风格:白酒符合清香纯正,具有乙酸乙酯为主体的优雅、协调的复合香气;酒体柔和谐调,绵甜爽净,余味悠长的风味特点。

c. 酱香型白酒品评术语：

色泽：微黄透明，浅黄透明，较黄透明。其余参见浓香型白酒。

香气：酱香突出，较突出，明显，较小，带焦香，异香，不具酱香，幽雅细腻，空杯留香好，有空杯留香，无空杯留香等。

口味：绵柔醇厚，醇和，丰满，醇甜柔和，入口绵，入口平顺，有异味，邪杂味较大，回味悠长，较长，短，回味欠净，后味长，短，杂，稍涩，苦涩，有霉味等。

风格：白酒符合酱香突出，香气幽雅，空杯留香；酒体醇厚，丰满，诸味协调，回味悠长的风味特点。

d. 米香型白酒品评术语：

色泽：参考浓香型白酒。

香气：米香清雅，纯正，具有米香，带异香等。

口味：绵甜爽口，适口，醇甜爽净，入口绵，冲辣等。

风格：白酒符合米香纯正，清雅；酒体醇和，绵甜、爽冽，回味怡畅的风味特点。

e. 凤香型白酒的品评术语：

色泽：参考浓香型白酒。

香气：醇香秀雅，香气雅郁，有异香，醇香纯正，较正等。

口味：醇厚丰满，诸味谐调，尾净悠长，醇厚甘润，余味较长等。

风格：白酒符合醇香秀雅，具有乙酸乙酯和己酸乙酯为主的复合香气；醇厚丰满，甘润挺爽，诸味谐调，尾净悠长的风味特点。

f. 其他香型白酒的品评术语：

色泽：参考浓香型白酒。

香气：典雅，独特，焦香，异香，香气小等。

口味：醇厚绵甜，绵甜爽净，诸香谐调，绵柔，甘爽，冲辣，刺喉，涩，有异味，回味悠长，较长，短，有霉味等。

风格：典型，较典型，独特，较独特，明显，较明显，尚好，尚可，差等。

(5) 白酒国家标准的汇总（现行有效）

GB/T 10781.1—2006 浓香型白酒

GB/T 10781.2—2006 清香型白酒

GB/T 20822—2007 固液法白酒

GB/T 26760—2011 酱香型白酒

GB/T 20821—2007 液态法白酒

GB/T 10781.3—2006 米香型白酒
GB/T 26761—2011 小曲固态法白酒
GB/T 23547—2009 浓酱兼香型白酒
GB/T 20823—2017 特香型白酒
GB/T 16289—2018 豉香型白酒
GB/T 20825—2007 老白干香型白酒
GB/T 20824—2007 芝麻香型白酒
GB/T 14867—2007 凤香型白酒
GB/T 33405—2016 白酒感官品评术语
GB/T 33404—2016 白酒感官品评导则
GB/T 33406—2016 白酒风味物质阈值测定指南
GB/T 22041—2008 地理标志产品 国窖 1573 白酒
GB/T 21822—2008 地理标志产品 沱牌白酒
GB/T 21820—2008 地理标志产品 舍得白酒

7.2 葡萄酒

(1)酿酒葡萄的品种

全世界可以酿酒的葡萄超过 8000 种,但是真正可以酿制出优质葡萄酒的葡萄品种只有 50 种左右,一般可以分为白葡萄和红葡萄两种。白葡萄的颜色主要有青绿色、黄色等,多数用来酿制气泡酒及白酒。红葡萄的颜色有黑、蓝、紫红、深红色,主要用来酿制红酒。红葡萄中有果肉是深色的,也有果肉和白葡萄一样是无色的,所以有些白肉的红葡萄去皮榨汁之后也可酿造白酒。以下是一些常见的酿酒葡萄品种。常见的品种有赤霞珠、品丽珠、梅洛、佳丽酿、黑品乐、蛇龙珠、内比奥罗、味而多、西拉、增芳德、霞多丽、长相思、雷司令等。

(2)葡萄酒的种类和划分

葡萄酒是以新鲜葡萄或葡萄汁为原料,经全部或部分发酵酿制而成的,含有一定酒精度的发酵酒。按酒的色泽,葡萄酒可以分为红葡萄酒、白葡萄酒、桃红葡萄酒三大类,但在市场上很少看到桃红葡萄酒。红葡萄酒是用红色或紫色葡萄为原料,采用皮、汁混合发酵而成。果皮中的色素和单宁在发酵过程中溶于酒中,因此酒色呈暗红或红色,酒液澄清透明,糖含量较高,酸度适中,口味甘美,微酸带涩、香气芬芳。白葡萄酒是用皮红肉白或皮肉皆白的葡萄为原料,将葡萄先榨出汁,再将葡萄汁单独发酵酿制。由于酿制时多把葡萄的皮与肉分离,色素又大部分存在于果皮中,故白葡萄酒的色泽偏淡黄,酒液澄清、透明,糖含量高于红葡萄酒,酸度稍高,口味纯正,甜酸爽口,香气芬芳。

根据葡萄酒的糖含量,可将其区分为干葡萄酒、半干葡萄酒、半甜葡萄酒和甜葡萄酒。干葡萄酒是糖含量(以葡萄糖计)小于或等于 4.0 g/L 的葡萄酒,或者是当总糖与总酸(以酒石酸计)的差值小于或等于 2.0 g/L 时,糖含量最高为 9.0 g/L 的葡萄酒。半干葡萄酒的含糖量大于干葡萄酒,最高为 12.0 g/L,或者当总糖与总酸(以酒石酸计)的差值小于或等于 2.0 g/L 时,糖含量最高为 18.0 g/L 的葡萄酒也叫半干葡萄酒。半甜葡萄酒的糖含量大于半干葡萄酒,最高为 45.0 g/L。甜葡萄酒的糖含量大于 45.0 g/L。

(3)葡萄酒与酒杯的搭配

合适的品酒杯对品鉴葡萄酒的色、香、味等十分重要。好的酒杯应该薄身、无花纹、无色而透明,并且要有高脚,长长的杯柄,让手指得以轻轻拈握,不致将手纹印上杯身,影响观察酒的透明度,同时也避免将手的温度传到杯中。同时,为了令葡萄酒能舒适地呼吸,杯的容量必须够大;另一方面,当晃动酒杯时,酒的香气能集中在杯口。饮红葡萄酒可以用波尔多酒杯(像郁金香的花球或初开的莲花)、布根地酒杯(杯口比较窄,像植物的球茎)。

(4)葡萄酒与食物的搭配

葡萄酒是国际上公认的佐餐酒,尤其干型的葡萄酒,通常可在进餐或宴会时饮用。由于不同的酒种特点不同,因此可将各种酒与适宜的菜肴进行科学搭配,可以更完美地体现葡萄酒的风格。一般干红葡萄酒的颜色呈现宝石红色,赏心悦目,酒香馥郁,酒体丰满,由于酒中含有一定的酚类物质,因此搭配红烧肉、牛排、鸡、鸭等肉类会得到更好的享受。干红葡萄酒既可以解除肉的油腻感,又可使菜肴的滋味更加浓厚,同时又由于干红葡萄酒优美的颜色,更增加了朋友聚会的喜庆氛围。红酒配红肉、白酒配白肉是比较符合正常葡萄酒配餐的规则,比如红葡萄酒中高含量的单宁与红肉中的蛋白质相结合,可以使消化尽快开始。新鲜的鱼类如大马哈鱼、剑鱼或金枪鱼由于自身富含天然油脂,能够与酒体较轻盈的红葡萄酒良好搭配,但有时红葡萄酒与某些海鲜搭配时,高含量的单宁可能会严重破坏海鲜的口味,葡萄酒自身甚至也会带上金属味。沙拉类的菜肴通常不会对葡萄酒的风格产生影响,但如果在沙拉中加了醋,可能会钝化口腔中的感受,使葡萄酒失去活力,口味趋于平淡呆滞。奶酪和葡萄酒是比较合适的组合,只是需要注意不要将辛辣的奶酪与酒体轻盈的葡萄酒搭配在一起,反之亦然。

辛辣或浓香的食物与酒搭配可能有一定的难度，但是如果与辛香型或果香特别浓郁的葡萄酒搭配在一起，就比较合适。葡萄酒能激活味蕾、诱出食物的滋味，而合理的食物又可使葡萄酒的优良风格表现得淋漓尽致。通常来说，味道比较重的菜肴适宜用味道较浓郁的葡萄酒来搭配，不一定要遵从红肉配红酒、白肉配白酒的原则，有时如重口味的红烧鱼也可搭配较清淡的红酒，口味较重的禽肉类食物也可以搭配较浓郁的白酒或清淡一点的红酒。

如要同时饮用多种葡萄酒，可以遵循以下的饮用葡萄酒的顺序：即先喝清淡的酒，再喝浓郁的酒；先喝不甜的酒，再喝甜酒；先喝白酒，再喝红酒；先喝年轻的酒，再喝成熟的酒。

(5)品酒注意事项

①场所。

品酒时，应选择安静、隔音、无干扰的环境，场所最好选在采光良好、空气流通、气温凉爽的房间。光线要明亮自然，但不要阳光直射。品评室内应有独立的品评台和品评用具，室内的天花板、四壁、桌面最好为白色。室温以 18～20℃ 为宜，湿度 60%为佳。对于红葡萄酒的品评温度，淡雅的红酒约在 12℃，酒精稍高的在 14～16℃，口感丰厚的约在 18℃，但最高不应超过 20℃，因为温度太高会让酒快速氧化而挥发，使酒精味太浓，气味变浊；而太冰又会使酒香味冻凝而不易散发，易出现酸味。白葡萄酒的品评温度在 10～12℃ 为宜，起泡葡萄酒在 8～10℃ 为宜。品评室内应避免有任何味道，如香水味、香烟味、花香味或厨房传出来的味道等都应该避免。

②时间。

理想的品酒时间是在饭前，品酒之前最好避免喝烈酒、喝咖啡、吃巧克力、抽烟或嚼槟榔等。专业性品酒活动，大多在早上 10～12 点举办，一般这个时间段人的味觉最灵敏。

③开酒。

开酒时，先将酒瓶瓶身擦干净，再用开瓶器上的小刀（或用切瓶封器）沿着瓶口凸出的圆圈状部位，切除瓶封，最好不要转动酒瓶，因为可能会让原本沉淀在瓶底的杂质上浮。切除瓶封之后，用干净的布或纸巾将瓶口擦拭干净，再将开瓶器的螺丝钻尖端插入软木塞的中心（如果钻歪了，容易拔断木塞），沿着顺时针方向缓缓旋转以钻入软木塞中，如果是用蝴蝶型的开瓶器，当转动螺丝钻时，两边的把手会缓慢升起，当手把升到顶端时，只要轻轻将它们往下扳即可将软木塞拔出（但如果软木塞太长，就很难一次将其顺利拔出）。

④醒酒。

一些味道比较复杂、重单宁的酒，需要很长的时间醒酒。对于年轻的酒，醒酒的目的是驱除异味及杂味，并与空气发生氧化；老酒醒酒的目的则是使其成熟，同时使封闭的香味物质经氧化发散出来。通常老酒的醒酒时间比年轻的酒短一些，厚重浓郁型的酒比清柔型的酒所需的时间要长一些，至于浓郁的白酒及贵腐型的甜白酒，最好也醒酒。一般即饮型的红葡萄、白葡萄酒，建议一开即可倒入酒杯饮用，有时候可能会有臭硫味（SO_2）及一些异味出现，但只需几分钟就会散去。二氧化硫是制酒过程中的附加物，在酒中对人体无害，如果隔些时间仍有异味，那可能是这瓶酒的酒质出现了问题。

⑤辨酒。

葡萄酒的颜色应清澈、有光泽，凭借葡萄酒色泽深浅，可判断出葡萄酒的成熟度，在阳光或光源下，尽可能在白色背景前观察酒的颜色，通常红葡萄酒越陈颜色越浅，越年轻颜色会越深。紫红色是很年轻的酒（少于 18 个月）；樱桃红色是不新不老的酒（2~3 年），品质适宜现喝，不宜久藏；草莓红色是已经成熟的酒（3~7 年），酒质开始老化，应立即喝；褐红色是名贵好酒贮存多年的色泽，普通的酒如果呈现这个颜色可能品质已下降。

葡萄酒的黏度：当转动玻璃杯中的酒时，可观察留在杯壁上的酒滴，业内人士称为“泪”或“腿”，酒的糖度或酒精度越高，这种酒滴越明显。

杯裙：红葡萄“杯裙”的色泽较复杂，从玫瑰红经过棕色和橘黄色到蓝紫色，大部分取决于使用的葡萄品种，但是酒的生产年代和地域也影响它的颜色，红酒越熟化越清澈，倾斜杯子观察酒的边缘：或深或浅，都表明了酒的年龄，深红色的酒说明产地的气温较高。

⑥闻酒。

第一次先闻静止状态的酒，然后晃动酒杯，促使酒与空气接触，以便酒的香气释放出来，再将杯子靠近鼻子前，再吸气，闻一闻酒香，与第一次闻的感觉作比较，第一次的酒香比较直接和清淡，第二次比较丰富、浓烈和复杂，酒香可分为葡萄本身所发散出来的果香（不单只有葡萄的果香）、发酵时所产生的味道以及好的葡萄酒成熟后转变成的珍贵而复杂丰富的酒香。

葡萄酒中含有数百种不同的气味，一般可以分成五类：第一类是植物香味，主要属于陈年香味；第二类是动物性香味，是耐久存的红酒经过常年的瓶中培养后出现的香味；第三类是花香味，是年轻的葡萄酒中比较常有的香味，久存之后会逐渐变淡、消失；第四类是水果香味，是年轻、新鲜的葡萄酒中常有的香味，随着贮存时间的延长,会变成较浓郁的成熟果香;第五类是香料香味,是来自橡木桶的香味,大部分属于葡萄酒成熟后发出来的香味。

闻酒时,应将鼻子探入杯中,闻酒里是否具有以下气味:强烈、浓郁、芳香、清纯的果香、气味粗劣、闭塞、清淡、新鲜、酸、甜、腻、刺激等。

⑦尝酒。

甜味、酸味、酒精以及单宁是构成葡萄酒口味的主要元素。品尝时会获得四种重要的信息:甜、酸、涩、余味。

将酒杯举起,杯口放在嘴唇之间,并压住下唇,头部稍往后仰,应轻轻地向口中吸气,并控制吸入的酒量,使葡萄酒均匀地分布在平展的舌头表面,将葡萄酒控制在口腔前部。每次啜入的酒量应在 6~10 mL。酒量过多,不仅所需加热时间长,而且很难在口内保持住。如果啜入的酒量过少,则不能湿润口腔和舌头的整个表面,而且由于唾液的稀释不能代表葡萄酒本身的口味。每次吸入的酒量应尽量保持一致,否则,在品尝不同酒样时就没有可比性。当葡萄酒进入口腔后,闭上双唇,头微向前倾,利用舌头和面部肌肉的运动,搅动葡萄酒,也可将口做笑张开,轻轻地向内吸气。这样不仅可防止葡萄酒从口中流出,还可使葡萄酒蒸汽进到鼻腔后部。在口味分析结束时,最好咽下少量的葡萄酒,将其余部分吐出。用舌头舔一下牙齿和口腔的内表面,以鉴别葡萄酒的尾味。根据品尝的目的不同,葡萄酒在口内保留的时间可为 2~5 s,亦可延长为 12~15 s。前一种情况下不能品尝到红葡萄酒的单宁味道。如需全面、深入分析葡萄酒的口味,应将葡萄酒在口中保留 12~15 s。

(6)葡萄酒的主要质量指标

葡萄酒的主要质量指标分为感官指标和理化指标两大类。感官指标主要指色泽、香气、滋味和典型性方面的要求,理化指标主要指酒精含量(酒精度)、酸度和糖分指标。从感官指标来看,首先要求葡萄酒应具有天然的色泽,即原料葡萄的色泽,如红葡萄酒是宝石红,白葡萄酒是浅黄色。葡萄酒本身应清亮透明、无浑浊、无沉淀。葡萄酒除了葡萄应有的天然果香外,还应具有浓厚的酯香,不能有异味。滋味与香气是密切相关的,香气优良的葡萄酒其滋味一般醇厚柔润。葡萄酒的滋味主要有酸、甜、涩、浓淡、后味等。每种葡萄酒均应有自己的典型性,典型性越强越好。葡萄酒的理化指标因酒种不同而有所不同。测定葡萄酒所含的酒精量时,首先需将酒中的酒精蒸馏出来,再用酒精计测定。一般甜型、加香型的葡萄酒酒精度为 11.0%~24.0%,其他类型葡萄酒为 7.0%~13.0%。葡萄酒挥发酸的含量应不超过 1.1 g/L。根据葡萄酒的酸度,可以鉴定其滋味,如挥发酸增加则说明酒已变质。葡萄酒的糖分因品种不同而有差异，一般为9%～18%，个别也有20%以上。一般来说，干型葡萄酒的糖分含量不得超过4.0%，半干型葡萄酒为4.1%～12%，半甜型葡萄酒为12.1%～50%。

(7)《GB/T 15038—2006 葡萄酒、果酒通用分析方法》-感官部分

①原理。

感官分析系指评价员通过用口、眼、鼻等感觉器官检查产品的感官特性，即对葡萄酒、果酒产品的色泽、香气、滋味及典型性等感官特性进行检查与分析评价。

②品酒。

品尝杯的推荐详见国家标准。

a.调温：

调节酒的温度，使其达到：起泡葡萄酒9～10℃；白葡萄酒10～15℃；桃红葡萄酒12～14℃；红葡萄酒、果酒16～18℃；甜红葡萄酒、甜果酒18～20℃。

b.顺序和编号：

在一次品尝检查有多种类型样品时，其品尝顺序为：先白后红，先干后甜，先淡后浓，先新后老，先低度后高度。按顺序给样品编号，并在酒杯下注明同样编号。

c.倒酒：

将调温后的酒瓶外部擦干净、小心开启瓶塞（盖），不使任何异物落入。将酒倒入洁净、干燥的品尝杯中，一般酒在杯中的高度为1/4～1/3，起泡和加气起泡葡萄酒的高度为1/2。

③感官检查与评价。

a.外观：

在适宜光线（非直射阳光）下，以手持杯底或用手握住玻璃杯柱，举杯齐眉，用眼观察杯中酒的色泽、透明度与澄清程度，有无沉淀及悬浮物；起泡和加气起泡葡萄酒要观察起泡情况，做好详细记录。

b.香气：

先在静止状态下多次用鼻嗅香，然后将酒杯捧握手掌之中，使酒微微加温，并摇动酒杯，使杯中酒样分布于杯壁上。慢慢地将酒杯置于鼻孔下方，嗅闻其挥发香气，分辨果香、酒香或有否其他异香，写出评语。

c.滋味：

喝入少量样品于口中，尽量均匀分布于味觉区，仔细品尝，有了明确印象后咽下,再体会口感后味,记录口感特征。

d. 典型性:

根据外观、香气、滋味的特点综合分析,评价其类型、风格及典型性的强弱程度,写出结论意见(或评分)。

(8)葡萄酒国家标准的汇总(现行有效)

GB/T 15037—2006 葡萄酒

GB/T 27586—2011 山葡萄酒

GB/T 25504—2010 冰葡萄酒

GB/T 23543—2009 葡萄酒企业良好生产规范

GB/T 18966—2008 地理标志产品 烟台葡萄酒

GB/T 20820—2007 地理标志产品 通化山葡萄酒

GB/T 36759—2018 葡萄酒生产追溯实施指南

GB/T 19504—2008 地理标志产品 贺兰山东麓葡萄酒

GB/T 19049—2008 地理标志产品 昌黎葡萄酒

GB/T 19265—2008 地理标志产品 沙城葡萄酒

GB/T 23777—2009 葡萄酒储藏柜

7.3 茶叶

我国的产茶历史已有数千年,其间茶的制作方法、饮用方式都经过了千变万化,发展至今人们所享用的几百种茶叶,是历代茶人成就的结晶。茶叶种类繁多,令人眼花缭乱。2014 年,国家质量监督检验检疫总局和中国国家标准化管理委员会制定颁布《GB/T 30766—2014 茶叶分类》,将茶叶分为如下几类:

①绿茶。

绿茶具有香高、味醇、形美、耐冲泡等特点。其制作工艺都经过杀青—揉捻—干燥的过程。由于加工时干燥的方法不同,绿茶又可分为炒青绿茶、烘青绿茶、蒸青绿茶和晒青绿茶。绿茶是我国产量最多的类茶叶,全国 18 个产茶省(区)都生产绿茶。我国绿茶花色品种之多,居世界之首,每年出口数万吨,占世界茶叶市场绿茶贸易量的 70%左右。我国传统绿茶——眉茶和珠茶,一向以香高、味醇、形美、耐冲泡而深受国内外消费者的欢迎。

②红茶。

红茶与绿茶的区别,在于加工方法不同。红茶加工时不经杀青,首先进行萎凋，使鲜叶失去一部分水分，再揉捻（揉搓成条或切成颗粒），然后发酵，使所含的茶多酚氧化，变成红色的化合物。这种化合物一部分溶于水，一部分不溶于水，而积累在叶片中，从而形成红汤、红叶。红茶主要有小种红茶、工夫红茶和红碎茶三大类。

③青茶（乌龙茶）。

属半发酵茶，即制作时适当发酵，使叶片稍有红变，是介于绿茶与红茶之间的一种茶类。它既有绿茶的鲜浓，又有红茶的甜醇。因其叶片中间为绿色，叶缘呈红色，故有“绿叶红镶边”之称。

④黄茶。

在制茶过程中，经过闷堆渥黄，因而形成黄叶、黄汤。分“黄芽茶”（包括湖南洞庭湖君山银芽、四川雅安名山区的蒙顶黄芽、安徽霍山的霍内芽）、“黄小茶”（包括湖南岳阳的北港毛尖、湖南宁乡的沩山毛尖、浙江平阳的平阳黄汤、湖北远安的鹿苑）、“黄大茶”（包括广东的大叶青、安徽的霍山黄大茶）三类。

⑤黑茶。

原料粗老，加工时堆积发酵时间较长，使叶色呈暗褐色。是藏、蒙、维吾尔等兄弟民族不可缺少的日常必需品。有“湖南黑茶”“咸阳泾渭茯茶”“湖北老青茶”“广西六堡茶”，四川的“西路边茶”“南路边茶”，云南的“紧茶”“扁茶”“方茶”和“圆茶”等品种。

⑥白茶。

是我国的特产。它加工时不炒不揉，只将细嫩、叶背满茸毛的茶叶晒干或用文火烘干，而使白色茸毛完整地保留下来。白茶主要产于福建的福鼎、政和、松溪和建阳等县，有“银针”“白牡丹”“贡眉”“寿眉”几种。

⑦再加工茶。

以基本茶类——绿茶、红茶、乌龙茶、白茶、黄茶、黑茶的原料经再加工而成的产品称为再加工茶。它包括花茶、紧压茶、萃取茶、果味茶和药用保健茶等，分别具有不同的品味和功效。

（1）茶叶的特性

①吸湿性。

因为茶叶存在着很多亲水性的成分，如糖类、多酚类、蛋白质、果胶质等。同时茶叶又是多孔性的组织结构，这就决定了茶叶具有很强的吸湿性。

②陈化性。

一般红、绿茶随保管时间的延长而质量逐渐变差，如色泽灰暗、香气减低、汤色暗浑、滋味平淡等,通常把这一变化称为“陈化”,它是成分发生变化的一个综合表现。茶之所以会陈化,最重要的原因是氧化作用。首先由于酚类发生变化,其中有的成分由水溶性氧化为不溶性的化合物,因而造成汤色显浑暗,滋味变平淡,芳香物质因氧化失去其芳香性,而使茶叶的香气减弱,脂类成分经水解,产生游离脂肪酸,再经氧化并水解,会形成一种“陈味”。这些变化对于绿茶更为明显。促使茶叶陈化的因素很多,如水含量增加,湿度升高,包装不严,长期与空气接触或经过日晒等,都会显著加速茶叶的陈化。

③吸味性。

茶叶吸收异味的性能,是茶叶中含有棕榈酸、烯萜类等物质及其组织结构的多孔性所造成的。人们正是根据茶叶这一特征,一方面自觉地利用它来窨制各种花茶,以提高饮用价值,另一方面又要严禁茶叶同有异味、有毒性的物品一起贮运,避免使茶叶串味和污染。

(2)茶叶的感官检验要点

茶叶的优与劣,新与陈,真与假主要是通过感官来鉴别的。一般而言,茶叶质量的感官鉴别分为两个阶段,即按照先“干看”(即冲泡前鉴别)后“湿看”(即冲泡后鉴别)的顺序进行。“干看”包括了对茶叶的形态、嫩度、色泽、净度、香气滋味五方面指标的体察与目测。“湿看”则包括了对茶叶冲泡成茶汤后的气味、汤色、滋味、叶底等十五项内容的鉴别。

①干评外形。

a. 嫩度:

嫩度是外形审评项目的重点,嫩度好的茶叶,应符合该茶类规格外形的要求,条索紧结重实,芽毫显露,完整饱满。

b. 条索:

条索是各类茶具有的一定外形规格,是区别商品茶种类和等级的依据。各种茶都有一定的外形特点。一般长条形茶评比松紧、弯直、壮瘦、圆扁、轻重;圆形茶评比颗粒的松紧、匀正、轻重、空实;扁形茶评比是否符合规格,平整光滑程度等。

c. 整碎:

整碎是指茶叶的匀整程度,优质的茶叶要保持茶叶的自然形态,精制茶要看筛档是否匀称,面张茶是否平伏。

d. 色泽:

色泽是反映茶叶表面的颜色、色的深浅程度,以及光线在茶叶表现的反射光亮度。各种茶叶有其一定的色泽要求,如红茶乌黑油润、绿茶翠绿、乌龙茶青褐色、黑茶黑油色等,但原则上叶底的色泽仍然要求均匀、鲜艳明亮。

e. 净度:

净度是指茶叶中含夹杂物的程度。净度好的茶叶不含任何夹杂物。

②湿评内质。

a. 香气:

香气是茶叶冲泡后随水蒸气挥发出来的气味。由于茶类、产地、季节、加工方法的不同,就会形成与这些条件相应的香气。如红茶的甜香、绿茶的清香、白茶的毫香、乌龙茶的果香或花香,黑茶的陈醇香、高山茶的嫩香、祁门红茶的砂糖香、黄大茶和武夷岩茶的火香等。审评香气除辨别香型外,主要比较香气的纯异、高低、长短。纯异指香气与茶叶应有的香气是否一致,是否夹杂其他异味;高低可用浓、鲜、清、纯、平、粗来区分;长短指香气的持久性。

b. 汤色:

汤色是茶叶形成的各种色素溶解于沸水中反映出来的色泽,汤色随茶树品种、鲜叶老嫩、加工方法、栽培条件、贮藏等变化。但各类茶有其一定的色度要求,如绿茶的黄绿明亮、红茶的红艳明亮、乌龙茶的橙黄明亮、白茶的浅黄明亮等。审评汤色时,主要抓住色度、亮度、清浊度三方面。

c. 滋味:

滋味是评茶师的口感反应。评茶时首先要区别滋味是否纯正,一般纯正的滋味可以分为浓淡、强弱、鲜爽、醇和几种。不纯正滋味有苦涩、粗青、异味。好的茶叶浓而鲜爽,刺激性强,或者富有收敛性。

d. 叶底:

叶底是冲泡后剩下的茶渣。评价方法是以芽与嫩叶含量的比例和叶质的老嫩度来衡量。

e. 余味:

茶汤一进口就产生强烈的印象,茶汤喝下去一段时间之后仍留有印象,这种印象就叫“余味”,不好的茶汤叫作“无味”,好的茶汤则“余味无穷”。

f. 回甘:

回甘也称为喉韵。收敛性和刺激性渐渐消失以后,唾液就慢慢地分泌出来,然后感到喉头清爽甘美,这就是回甘,回甘强而持久表示品质良好。

g. 看渣:

就是看冲泡之后的茶渣,也就是看叶底。到了这个时候,茶叶品质的好坏可说一览无遗。

h. 完整性：

叶底的形状以叶形完整为佳，断裂不完整的叶片太多，都不会太好，由叶底的断面可看出是手采或机采。另外，芽尖是否碎断，也关系到成茶品质。

i. 嫩度：

茶叶泡开以后就会恢复鲜叶的原状，这时用视觉观察，或用手捏就可明白茶叶的老嫩。老的茶叶摸起来比较刺手，嫩的茶叶比较柔软。

j. 弹性：

用手捏感觉弹性强的叶底，原则上是幼嫩肥厚的茶菁所制，而且制茶过程没有失误。弹性佳的茶叶，喝起来会比较有活性。茶菁如果粗老或制造不当就会没有弹性。

k. 叶面展开度：

属于揉捻紧结的茶，应该是冲泡之后慢慢展开，而不是一下子就展开，如此可耐多次冲泡，品质较好。但是如果冲泡之后叶面不展开也不好，极有可能是焙坏的茶，茶中的养分会消失很多，这时可观察是否有炒焦茶菁或焙焦茶叶的情形。

l. 齐一程度：

是否有新旧茶，或其他因素的混杂，可从叶底看得很清楚。新茶鲜艳有光泽，而旧茶会转变成黄褐色或暗褐色，没有光泽。又如颜色比较接近的茶类混杂，如白毫乌龙混入红茶，又如不同品种、不同制法等的茶混在一起都会影响茶叶的齐一程度。原则上均匀整齐为佳，但是如果有特殊风味要求的并堆是被允许的，不能视为不好的茶。

m. 走水状态：

茶菁在萎凋的过程中会慢慢地将叶中的水分经由水孔散发出去，这个情形就叫作“走水”。走水良好的话，叶底在光线的照射下，会呈半透明的状态，颜色鲜艳，红茶会红而明亮，包种茶则淡绿透明，绿茶则全叶呈淡绿色。

n. 发酵程度：

随着发酵程度的不同，叶底也会从淡绿、咸菜绿、褐绿变到橘红、深红等不同色彩，发酵程度越重颜色越红。

o. 焙火程度：

随着焙火的轻重，叶底颜色会从浅到深到暗，从绿、褐绿一直到黑褐色，焙火越重，颜色会越深越暗。

(3)茶叶感官评审基本环境条件参照《GB/T 18797—2012 茶叶感官审评室基本条件》

(4)茶叶感官评审基本方法

在我国茶叶界,普遍使用的感官评茶方法,依据审评内容可分为五项评茶法和八因子评茶法两种。

①五项评茶法。

五项评茶法是我国传统的感官审评方法,即将审评内容分为外形、汤色、香气、滋味和叶底,经干、湿评后得出结论。在每一项审评内容中,均包含诸多审评因素:如外形需评价嫩度、形态、整碎、净度等,汤色需评颜色、亮度和清浊度,香气包括香型、高低、纯异和持久性;滋味评价因素有纯异、浓淡、醉涩、厚弱、甘苦及鲜爽感等;叶底需评嫩度、色泽、匀度等每个因素的不同表现,均有专用的评茶术语予以表达。

五项评茶法要求审评人员视、嗅、味觉器官并用,外形与内质审评兼重。在运用时由于时间的限制,尤其是在多种茶审评时,工作强度及难度较大,因此不仅需要评茶人员训练有素,审评中也应有侧重和主次之分,即不同项目间和同一项目不同因素间,重点把握对品质影响大和对品质表现起主要作用的项目(因素),并考虑相互的影响,作出综合评价。五项评茶法的计分,一般是依据不同茶类的饮用价值体现,通过划分不同的审评项目品质(评分)系数,进行加权计分。就单个项目品质系数比较而言,外形所占比值最大,但小于内质各项比值之和。采用加权计分,不仅较好地体现了品质侧重,也保障了综合评价的准确性,排除了各个审评项目单独计分的弊端。五项评茶法主要运用在农业系统的茶叶质量检验和品质评比中,在科研机构中也多有针对性地运用。

②八因子评茶法。

自 20 世纪 50~80 年代中期,在外贸系统中推出八因子评茶法,用以评价茶叶品质。最初的八因子评茶法,审评内容由外形的条索(或颗粒)、整碎、净度、色泽及内质的香气、滋味、叶底色泽和嫩度构成,以后又修改为条索(颗粒)、整碎、净度、色泽、汤色、香气、滋味和叶底。八因子评茶法评茶因素的指定存在局限性,外形计分比例过大,五项评茶法的出现是茶叶审评发展的必然。

(5)茶叶国家标准的汇总(现行有效)

GB/T 30766—2014 茶叶分类

GB/T 35825—2018 茶叶化学分类方法

GB/T 23776—2018 茶叶感官审评方法

GB/T 14487—2017 茶叶感官审评术语
GB/T 18797—2012 茶叶感官审评室基本条件
GB/T 18795—2012 茶叶标准样品制备技术条件
GB/T 14456.1—2017 绿茶 第1部分:基本要求
GB/T 14456.2—2018 绿茶 第2部分:大叶种绿茶
GB/T 14456.3—2016 绿茶 第3部分:中小叶种绿茶
GB/T 14456.4—2016 绿茶 第4部分:珠茶
GB/T 14456.5—2016 绿茶 第5部分:眉茶
GB/T 14456.6—2016 绿茶 第6部分:蒸青茶
GB/T 13738.1—2017 红茶 第1部分:红碎茶
GB/T 13738.2—2017 红茶 第2部分:工夫红茶
GB/T 13738.3—2012 红茶 第3部分:小种红茶
GB/T 30357.1—2013 乌龙茶 第1部分:基本要求
GB/T 30357.2—2013 乌龙茶 第2部分:铁观音(含第1号修改单)
GB/T 30357.3—2015 乌龙茶 第3部分:黄金桂
GB/T 30357.4—2015 乌龙茶 第4部分:水仙
GB/T 30357.5—2015 乌龙茶 第5部分:肉桂
GB/T 30357.6—2017 乌龙茶 第6部分:单丛
GB/T 30357.7—2017 乌龙茶 第7部分:佛手
GB/T 9833.1—2013 紧压茶 第1部分:花砖茶
GB/T 9833.2—2013 紧压茶 第2部分:黑砖茶
GB/T 9833.3—2013 紧压茶 第3部分:茯砖茶
GB/T 9833.4—2013 紧压茶 第4部分:康砖茶
GB/T 9833.5—2013 紧压茶 第5部分:沱茶
GB/T 9833.6—2013 紧压茶 第6部分:紧茶
GB/T 9833.7—2013 紧压茶 第7部分:金尖茶
GB/T 9833.8—2013 紧压茶 第8部分:米砖茶
GB/T 9833.9—2013 紧压茶 第9部分:青砖茶
GB/T 32719.1—2016 黑茶 第1部分:基本要求
GB/T 32719.2—2016 黑茶 第2部分:花卷茶
GB/T 32719.3—2016 黑茶 第3部分:湘尖茶
GB/T 32719.4—2016 黑茶 第4部分:六堡茶

GB/T 32719.5—2018 黑茶 第5部分:茯茶
GB/T 22291—2017 白茶
GB/T 22292—2017 茉莉花茶
GB/T 34778—2017 抹茶
GB/T 31751—2015 紧压白茶
GB/T 21726—2018 黄茶
GB/T 22111—2008 地理标志产品　普洱茶
GB/T 18745—2006 地理标志产品　武夷岩茶(含第1号修改单)
GB/T 18650—2008 地理标志产品　龙井茶
GB/T 19460—2008 地理标志产品　黄山毛峰茶
GB/T 20354—2006 地理标志产品　安吉白茶
GB/T 18957—2008 地理标志产品　洞庭(山)碧螺春茶
GB/T 24569—2009 地理标志产品　常山山茶油(含第1号修改单)
GB/T 22737—2008 地理标志产品　信阳毛尖茶
GB/T 18665—2008 地理标志产品　蒙山茶
GB/T 19698—2008 地理标志产品　太平猴魁茶
GB/T 22109—2008 地理标志产品　政和白茶
GB/T 26530—2011 地理标志产品　崂山绿茶
GB/T 20605—2006 地理标志产品　雨花茶
GB/T 21003—2007 地理标志产品　庐山云雾茶
GB/T 19691—2008 地理标志产品　狗牯脑茶
GB/T 20360—2006 地理标志产品　乌牛早茶
GB/T 28121—2011 非热封型茶叶滤纸
GB/T 31748—2015 茶鲜叶处理要求
GB/T 32743—2016 白茶加工技术规范
GB/T 34779—2017 茉莉花茶加工技术规范
GB/T 24615—2009 紧压茶生产加工技术规范
GB/T 32742—2016 眉茶生产加工技术规范
GB/T 35810—2018 红茶加工技术规范
GB/T 35863—2018 乌龙茶加工技术规范
GB/T 31740.1—2015 茶制品　第1部分:固态速溶茶
GB/T 24690—2018 袋泡茶